KB119881

THANK
YOU

《나는야 계산왕》을 함께 만들어 준 체험단 여러분,
진심으로 고맙습니다.

고준휘	곽민경	권도율	권승윤	권하경	김규민	김나은
김나은	김나현	김도윤	김도현	김민혁	김서윤	김서현
김수인	김슬아	김시원	김준형	김지오	김은우	김채율
김태훈	김하율	노연서	류소율	민아름	박가은	박민지
박재현	박주현	박태성	박하람	박하린	박현서	백민재
변서아	서유열	손민기	손예빈	송채현	신재현	신정원
엄상준	우연주	유다연	유수정	윤서나	이건우	이다혜
이재인	이지섭	이채이	전우주	전유찬	정고운	정라예
정석현	정태은	주하연	최서윤	편도훈	하재희	허승준
허준서	석준	태윤	요한	하랑	현블리	

우리 아이들에겐
더 재미있는 수학 학습서가 필요합니다!

수학 시간이 되면 고개를 푹 숙이고 한숨짓는 아이들의 모습을 보며,
'좀 더 신나고 즐겁게 수학을 공부할 수는 없는 것일까?'
고민하던 선생님들이 뭉쳤습니다.

이제 곧 자녀를 초등학교에 보내야 하는
대한민국 최장수 웹툰 〈마음의 소리〉의 조석 작가도
기꺼이 《나는야 계산왕》 출간 프로젝트에 함께했습니다.

《나는야 계산왕》은
수학이라는 거대한 여정을 떠나야 하는 우리 아이들에게
수학은 즐겁고 재미있는 공부라는 것을 알려 줍니다.
즐겁게 만화를 읽고
다양한 문제를 입체적으로 학습하면서,
수학이 얼마나 우리의 사고력과 상상력을 높고 넓게 키워주는지 확인하게 됩니다.

우리 아이의 수학 첫걸음을 《나는야 계산왕》과 함께하도록 해 주세요.
"엄마, 수학은 정말 재밌어!"
기뻐하는 아이의 모습을 확인하실 수 있을 거예요.

나는야 계산왕 1학년 2권

초판 1쇄 인쇄 2020년 2월 26일
초판 1쇄 발행 2020년 3월 9일

원작 조석 글·구성 김차명 좌승협 구성 도움 이효연 정소연
펴낸이 연준혁

편집 2본부 본부장 유민우
편집 2부서 부서장 류혜정
외주편집 박지혜
디자인 함지현

펴낸곳 (주)위즈덤하우스 미디어그룹 출판등록 2000년 5월 23일 제13-1071호
주소 경기도 고양시 일산동구 정발산로 43-20 센트럴프라자 6층
전화 031)936-4000 팩스 031)903-3893 홈페이지 www.wisdomhouse.co.kr

값 9,800원
ISBN 979-11-90630-57-3 64410
ISBN 979-11-90427-34-0 64410(세트)

도와 줘!
마음의소리
나는야
계산왕
1학년
2권

원작 조석   감수
글·구성   남민주 교사
김차명 교사   박지원 교사
좌승협 교사   손태권 교사
             이주영 교사

위즈덤하우스

초등수학의 정석, 친절하고 유쾌한 길잡이!

《나는야 계산왕》이 있어 수학이 즐겁습니다!

★★★★★ 연산 문제집 한 페이지 풀기도 싫어하는 아이에게 혹시나 하는 마음에 보여줬어요. 만화만 볼 줄 알았는데 만화를 보고 난 뒤 옆에 있는 문제를 풀었더라고 요. 하라고 하지도 않았는데 스스로 하는 게 신기했어요.

- 윤공 님

★★★★★ 집에 연산 문제집이 있었는데 아이가 너무 지루해했어요. 그래서 스스로 필요하다고 생각하기 전에 문제집은 사 주지 않을 생각이었는데,《나는야 계산왕》은 체험판이 도착하자마자, 그 자리에 앉아서 한 번도 안 움직이고 다 풀었어요. 열심히 하는 사람을 뛰어넘을 수 있는 사람은 즐기는 사람밖에 없다는 말이 있지요? 즐거워 하며 풀 수 있는 문제집인 만큼 주변 엄마들에게도 권해 주고 싶습니다.

- 하얀토끼 님

★★★★★ 내가 조석이 된 것처럼 느껴졌다. 조석이 되어서 만화 속에서 문제를 푸 는 느낌이 들었다. 엄마가 시간도 얼마 안 걸렸다고 칭찬해 주셨다. 만화를 읽고 문제 를 푸니 재미있었다.

- 체험단 박재현 군

★★★★★ 아이가 평소 접했던 만화 〈마음의 소리〉를 통해 이해하기 쉽게 설명되어 있어서 좋았습니다. 문제의 양도 적당해서 아이가 풀면서 성취감도 큰 것 같아요. 아직 저학년에게는 어렵게 다가가기보다는 즐겁게 다가가는 것이 좋은 것 같습니다. 아이가 좋아하고, 잘 이해합니다. 현직 교사가 만든 학습서라 믿음이 가요.

- 하랑맘 님

★★★★★ 친근한 캐릭터라 아이가 흥미를 가지네요. 계산 문제를 풀기 전에 학습 만화로 개념을 먼저 익혀서 좋아요. 부담스럽지 않은 분량이라 아이가 재미있게 공부하네요.

- 동글이맘 님

★★★★★ 아이가 문제집을 앉아서 풀도록 하기까지의 과정이 제일 힘들었어요. 문제를 제대로 읽지 않고 대충 풀려고 하는 자세를 바꾸는 것도 힘들었고요. 그런데 이 책은 개념에 대한 이해를 만화로 해 주고 있다 보니 아이가 즐거워하고 일단 책을 펴기까지의 과정이 수월하네요.

- 하경승윤맘 님

★★★★★ 다른 교재들과 다르게 캐릭터 특징이 있어서 아이가 정말 집중해서 읽고 풀더라고요. 독특한 구성이라 더욱 좋아했던 것 같습니다. 아이가 개념 부분을 하나도 빼놓지 않고 읽은 적은 처음이었어요.

- 달콤초코 님

《나는야 계산왕》을 통해 여러분의 꿈에 한 발짝 가까워지기를 바랍니다

〈마음의 소리〉를 수학책으로 만든다는 이야기를 들었을 때 제일 먼저 든 생각은 '우리 애들도 나중에 이 수학책으로 공부를 하면 재미있겠다!'라는 것이었습니다.
저야 어린시절부터 쭈욱 수학이란 과목을 어려워했지만 〈마음의 소리〉를 보던 어린 친구들이나 아니면 〈마음의 소리〉를 봐 오시다가 자녀가 생긴 독자분들이 이 책으로 수학을 접한다면 의미있겠다는 기분도 들었고요.

제가 웹툰을 그려오면서 공부와 관련된 책까지 함께할 거라는 생각은 해 본 적이 없어서 저 역시 두근거립니다. 개그만화로 웃음을 주는 것 이외에 다른 목적으로 책을 내 보는 건 처음이니까요. 물론 저도 풀어볼 예정이지만.... 아마 많이 틀리겠죠?
저처럼 커서도 수학이 어렵거나 꺼려지는 어른이 되지 않기 위해 독자분들은 이런 친근한 형태의 책으로 도움을 많이 받으셨으면 합니다.
훌륭한 선생님들께서 만들어 주신 책이라 아마 그럴 수 있지 않을까 싶네요!

단순히 재미난 문제집 한 권이 아닌, 즐거운 도움을 드리는 책이 되었으면 합니다.
조금 더 거창하게 말하자면 이 책을 접하는 어린 친구들이 먼 미래의 꿈을 이루는 데 도움이 되었으면 하고요.
여전히 수학이 어려운 저 같은 사람이 되지 않길 바라며 응원하겠습니다.
화이팅!

조석

개념 만화 +

입체 풀이 +

스토리텔링형
3단계 학습법

할 수 있어!

우리 아이들도
신나게 수학을 배울 수 있습니다!

매년 학부모 상담 기간이 되면 아이가 수학을 어려워한다며 걱정하시는 부모님들을 만나게 됩니다. 교사인 저희에게도 무척 고민이 되는 지점입니다. 숫자 가득한 문제 집을 앞에 두고 한숨을 푹 쉬며 연필을 집어 드는 아이들을 볼 때마다 '우리 아이들 이 신나게 수학을 배울 수는 없는 것일까' 교사로서의 걱정도 깊어집니다.

수학에 있어서 반복적인 문제풀이는 반드시 필요한 과정이지만, 기본 개념이 잡히지 않은 상태에서 무턱대고 문제만 푸는 것은 우리 아이들이 수학을 싫어하게 되는 가 장 첫 번째 이유입니다. 아이들이 공부를 지겨워하는 것은, 지겨울 수밖에 없는 방식 으로 배우기 때문입니다. 우리 어른들의 생각과 달리, 아이들은 모르는 것을 아는 일 에, 아는 것을 새로운 방법으로 익히는 일에 훨씬 많은 흥미를 가지고 있습니다. 재미 있게 가르치면 재미있게 배울 수 있고, 흥미를 느낀 이후에는 하나를 알려 주면 열을 익히게 됩니다. 수학을 주입식으로 가르칠 것 이 아니라, 개념을 알려 주고 입체적으로 풀 게 하는 것이 중요한 이유입니다. 이러한 고 민을 바탕으로 개발한 문제집이 기본 개념을 만화로 익히고 문제는 다양한 유형으로 접하 도록 한《나는야 계산왕》입니다.

계산왕!

깔깔깔 웃으며 수학의 기본을 익히는 개념 만화

집중시간이 짧은 아이들에게는 글보다는 잘 만든 시각자료가 필요합니다. 하지만 많은 아이들이 현실에서는 전혀 쓸모없어 보이는 예시를 가지고 무턱대고 사칙연산의 기본 개념을 암기하게 됩니다. "도대체 수학은 왜 배워요?"라는 질문도 아이들의 입장에선 어쩌면 당연합니다. 《나는야 계산왕》은 반복적인 문제풀이를 하기에 앞서, 온 국민이 사랑하는 웹툰 〈마음의 소리〉를 수학적 상황에 맞추어 각색한 만화로 읽도록 구성했습니다. 주인공 석이와 준이 형아가 함께 엄마의 심부름을 하고 방 탈출 카페를 가는 일상의 에피소드를 보며 실생활에서 수학의 기본 개념을 어떻게 접하고 해결할 수 있는지를 익히게 됩니다. 이를 통해 암기로서의 수학이 아니라, 우리의 일상을 더욱 즐겁고 효율적으로 만들어 주는 훌륭한 도구로서의 수학을 익히게 됩니다.

하루 한 장, 수학적 창의력을 키우는 문제풀이

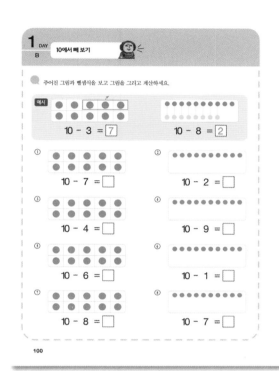

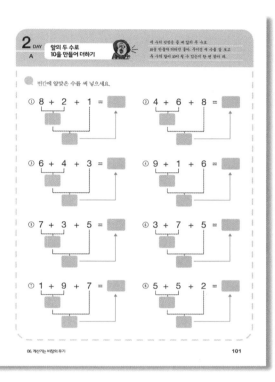

흔히 수학의 정답은 하나라고 이야기하지만, 이는 절반만 맞는 명제입니다. 수학의 정답은 하나이지만, 풀이는 다양합니다. 이 풀이까지를 다양하게 도출할 수 있어야, 진짜 수학의 정답을 맞히는 것입니다. 덧셈과 뺄셈, 곱셈과 나눗셈은 모두 역연산 관계에 있습니다. 1+2=3이고, 3-2=1이며, 1×2=2이고, 2÷2=1의 관계에 있습니다. 앞으로 풀면 덧셈이고 거꾸로 풀면 뺄셈이 되는 이 관계성만 잘 파악해도 초등수학은 훨씬 더 재밌어집니다.《나는야 계산왕》은 사칙연산의 역연산 관계를 고려한 다양한 문제를 하루에 한 장씩 풀도록 구성했습니다. 뿐만 아니라 단순한 계산식을 이해하기 어려운 아이들을 위해 다양하고 입체적인 그림 연산으로 구성했습니다. 하루 한 장을 풀고 나면, 한 가지 정답을 만드는 두 개 이상의 풀이를 경험하게 됩니다. 문제를 접한 체험단 학생이 "만화보다 문제가 재밌다"는 평가를 줄 정도로 직관적이고 재미있습니다. 문제풀이만으로도 얼마든지 수학을 좋아하게 될 수 있다는 것을 보여 줄 것입니다.

9

개정교육과정의 수학 교과 역량을 반영한 스토리텔링형 문제

2015개정교육과정은 총 6가지의 수학 교과 역량을 중점적으로 다루고 있습니다. 책은 '문제해결, 추론, 창의·융합, 의사소통, 정보 처리, 태도 및 실천'이라는 핵심 교과 역량을 최대치로 끌어올렸습니다. 〈이야기로 풀어요〉에 해당하는 심화 문제들은, 어떤 수학 문제집에서도 나오지 않는 창의적인 문제 유형을 통해 교육과정이 요구하는 수학 역량들을 골고루 발달하도록 힘을 실어 줍니다. 문제의 정답을 맞혀 잊어버린 현관문 비밀번호를 찾아내고, 미로를 뚫고 헤어진 친구를 다시 만나는 스토리텔링 형식의 문제를 통해 우리 아이들은 수학이라는 언어를 통해 새롭게 정보를 처리하고 문제를 해결하는 능력을 키울 수 있을 것입니다.

캐릭터 소개

우리 가족 모두 계산왕이 될 거야!

석이

안녕, 내 이름은 조석이야.
우리 함께 재미있는 수학 공부 시작해 볼까?

애봉이

석이와 함께 수학을 공부하고 있어!
어린이 친구들, 모두 함께 힘내자!

우리 친구들,
계산왕이 될 때까지 화.이.팅.

아빠

엄마

권별 학습구성

★ 1학년 1학기 ★

1단원	9까지의 수를 모으고 가르기
2단원	한 자리 수의 덧셈
3단원	한 자리 수의 뺄셈
4단원	덧셈과 뺄셈 해 보기
5단원	덧셈식과 뺄셈식 만들기
6단원	19까지의 수를 모으고 가르기
7단원	50까지의 수
8단원	덧셈과 뺄셈 종합

★ 1학년 2학기 ★

1단원	100까지의 수
2단원	몇십몇+몇, 몇십몇-몇
3단원	몇십+몇십, 몇십-몇십
4단원	몇십몇+몇십몇, 몇십몇-몇십몇
5단원	세 수의 덧셈과 뺄셈
6단원	10이 되는 더하기
7단원	받아올림이 있는 (몇)+(몇)
8단원	십몇-몇=몇

★ 2학년 1학기 ★

1단원	세 자리 수
2단원	받아올림이 있는 (두 자리 수) + (한 자리 수)
3단원	받아올림이 있는 (두 자리 수) + (두 자리 수) I
4단원	받아올림이 있는 (두 자리 수) + (두 자리 수) II
5단원	받아내림이 있는 (두 자리 수) - (한 자리 수)
6단원	받아내림이 있는 (몇십) - (몇십몇)
7단원	받아내림이 있는 (몇십몇) - (몇십몇)
8단원	여러 가지 방법으로 덧셈, 뺄셈 하기
9단원	세 수의 덧셈과 뺄셈
10단원	곱셈의 의미

★ 2학년 2학기 ★

1단원	2단과 5단
2단원	3단과 6단
3단원	2단, 3단, 5단, 6단
4단원	4단과 8단
5단원	0단, 1단, 7단, 9단
6단원	0단, 1단, 4단, 7단, 8단, 9단
7단원	1~9단 종합
8단원	0~9단 종합

★ 3학년 1학기 (2020년 하반기 출간 예정) ★

1단원	받아올림이 없는 세 자리 수 덧셈
2단원	받아올림이 있는 세 자리 수 덧셈
3단원	(세 자리 수) - (세 자리 수) I
4단원	(세 자리 수) - (세 자리 수) II
5단원	나눗셈(똑같이 나누기)
6단원	나눗셈(몫을 곱셈구구로 구하기)
7단원	(두 자리 수) × (한 자리 수) I
8단원	(두 자리 수) × (한 자리 수) II
9단원	(두 자리 수) × (한 자리 수) III
10단원	(두 자리 수) × (한 자리 수) IV

★ 3학년 2학기 (2020년 하반기 출간 예정) ★

1단원	(세 자리 수) × (한 자리 수) I
2단원	(세 자리 수) × (한 자리 수) II
3단원	(두 자리 수) × (두 자리 수) I
4단원	(두 자리 수) × (두 자리 수) II
5단원	몇십 ÷ 몇
6단원	몇십몇 ÷ 몇
7단원	나머지가 있는 (몇십몇) ÷ (몇)
8단원	세 자리 수 ÷ 한 자리 수
9단원	분수로 나타내기
10단원	여러 가지 분수와 크기 비교

차례

01. 복숭아는 이제 그만

어느 날 집에 와 보니

동생이 폭삭 늙어 있었다.

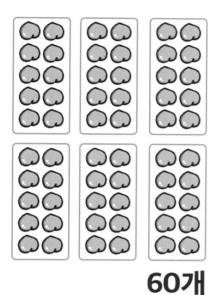

60개

아니… 그걸 왜
하나씩 세고 있어?

이렇게 10개씩
묶어서 세면 쉽잖아!

빠른데!?

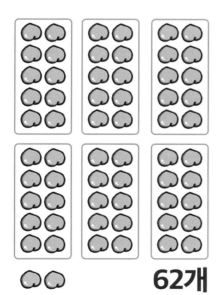

62개

헉! 형, 내 엉덩이
뒤에 복숭아 2개가
더 있었어!

그럼 모두
62개네!?

저건 절대
먹지 말아야지.

그러나 몇 분 뒤…

네, 삼촌.

네?

100개를 보내야 했는데 잘못 보내셨다구요?

형, 100개면 얼마나 많은 거야?

99보다 1만큼 더 큰 수를 100이라고 해!

그리고 복숭아가 100개라는 건…

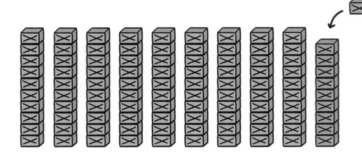

99보다 1만큼 더 큰 수를
100 이라고 합니다.
100은 백 이라고 읽습니다.

한동안 밥상에 복숭아만 올라올 만큼 많다는 거야, 석아…

상하기 전에 어서 먹자.

그건 싫어!

· 2, 4, 6, 8, 10과 같이 둘씩 짝을 지을 수 있는
  수를 짝수 라고 합니다.
· 1, 3, 5, 7, 9와 같이 둘씩 짝을 지을 수 없는
  수를 홀수 라고 합니다.

3시간째

집에 와 보니 애들이

게임 중독이 되어 있었다.

※ 어린이 여러분, 뭐든지 적당히 합시다!

마음의 끌팁

둘씩 짝을 지을 수 있으면 '짝수',
둘씩 짝을 지을 수 없으면 '홀수'야.
바둑돌을 가지고 친구가 갖고 있는 바둑돌이
홀수인지 짝수인지 맞히는 놀이를 해 봐.
수학 공부도 하고 놀이도 할 수 있어!

1 DAY

A

수를 소리 내어 읽어 보기

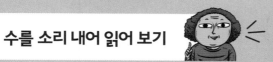

수를 읽는 방법에는 2가지가 있어.
예를 들어 30은 '삼십'이나 '서른'이라고 읽어.
수를 읽는 연습을 할 때는 반드시 소리 내어 읽어야 해.

 알맞게 이어 보고 읽어 보세요.

50	•	사십	•	•	서른
30	•	오십	• — •		쉰
40	•	육십	•	•	마흔
60	•	삼십	•	•	스물
20	•	이십	•	•	예순
80	•	구십	•	•	여든
90	•	팔십	•	•	아흔

수를 소리 내어 읽어 보기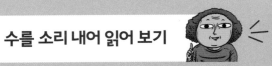

🗨 알맞게 이어 보고 읽어 보세요.

60	•	•	삼십	•	•	여든
30	•	•	팔십	•	•	일흔
50	•	•	사십	•	•	마흔
20	•	•	오십	•	•	스물
80	•	•	칠십	•	•	서른
70	•	•	이십	•	•	예순
40	•	•	육십	•	•	쉰

2 DAY
A

수 모형을 보고 수 쓰기

수 모형을 보고 10개씩 묶음의 수를 먼저 세고
남은 낱개의 수를 세어 봐. 그러면 수 모형이
모두 몇 개인지 금방 알 수 있어.

💬 수 모형을 보고 10개씩 묶음의 수와 낱개의 수를 세어 쓰세요.

수 모형	10개씩 묶음	낱개	수 쓰기
	5	4	54

2 DAY B

수 모형을 보고 수 쓰기

🗨 수 모형을 보고 10개씩 묶음의 수와 낱개의 수를 세어 쓰세요.

수 모형	10개씩 묶음	낱개	수 쓰기

22

3 DAY

A

수의 순서와 규칙 찾기

전에 50까지의 수를 공부했던 거 기억나?
수를 순서대로 말하면서 수의 순서와 규칙을
한 번 찾아보자. 99보다 1 큰 수를 100이라고 해.

빈칸에 들어갈 수를 쓰세요.

① 45 46 47 ( ) 49 ( ) 51 52 ( ) 54

② 74 75 76 ( ) 78 ( ) ( ) 81 ( ) 83

③ 38 39 ( ) 41 42 ( ) 44 ( ) ( ) ( )

④ 82 83 84 ( ) ( ) ( ) ( ) ( ) ( ) 91

⑤ 53 ( ) ( ) ( ) ( ) 58 ( ) ( ) ( ) 62

⑥ 69 ( ) ( ) 72 ( ) ( ) ( ) ( ) ( ) 78

⑦ ( ) 81 82 ( ) ( ) ( ) 86 ( ) ( ) ( )

⑧ ( ) ( ) 28 ( ) ( ) 31 32 ( ) ( ) ( )

01. 복숭아는 이제 그만

23

수의 순서와 규칙 찾기

💬 빈칸에 들어갈 수를 쓰세요.

① 29 - 28 - 27 - 26 - ( ) - ( ) - 23 - 22 - ( ) - 20

② 45 - 44 - ( ) - ( ) - 41 - 40 - ( ) - 38 - ( ) - 36

③ 72 - 71 - 70 - ( ) - 68 - ( ) - ( ) - 65 - ( ) - ( )

④ 37 - ( ) - 35 - ( ) - ( ) - 32 - ( ) - 30 - ( ) - ( )

⑤ 94 - ( ) - ( ) - ( ) - 90 - ( ) - ( ) - 87 - ( ) - ( )

⑥ 43 - ( ) - 41 - ( ) - 39 - ( ) - ( ) - ( ) - ( )

⑦ 56 - ( ) - ( ) - 53 - ( ) - ( ) - ( ) - 48 - ( )

⑧ 35 - ( ) - ( ) - ( ) - 31 - ( ) - 29 - ( ) - ( ) - ( )

수의 크기 비교하기

97과 100의 크기를 비교할 때는 97의 10개씩
묶음의 수 9와 100의 10개씩 묶음의 수 10을 비교하면
금방 크기 비교를 할 수 있어.

💬 아래 표 빈칸에 알맞은 수를 쓰고 크기 비교를 하세요.

수	10개씩 묶음	낱개	크기 비교
97	9	7	97은 100보다
100	10	0	(큽니다, 작습니다○)
67			67은 78보다
78			(큽니다, 작습니다)
92			92는 88보다
88			(큽니다, 작습니다)
99			99는 66보다
66			(큽니다, 작습니다)
68			68은 65보다
65			(큽니다, 작습니다)
73			73은 83보다
83			(큽니다, 작습니다)
93			93은 86보다
86			(큽니다, 작습니다)
53			53은 61보다
61			(큽니다, 작습니다)
98			98은 58보다
58			(큽니다, 작습니다)

수의 크기 비교하기

아래 표 빈칸에 알맞은 수를 쓰고 크기 비교를 하세요.

수	10개씩 묶음	낱개	크기 비교
28			28은 38보다
38			(큽니다, 작습니다)
66			66은 56보다
56			(큽니다, 작습니다)
90			90은 89보다
89			(큽니다, 작습니다)
29			29는 31보다
31			(큽니다, 작습니다)
96			96은 100보다
100			(큽니다, 작습니다)
73			73은 75보다
75			(큽니다, 작습니다)
42			42는 39보다
39			(큽니다, 작습니다)
76			76은 68보다
68			(큽니다, 작습니다)
81			81은 77보다
77			(큽니다, 작습니다)

짝수와 홀수 찾기

짝수와 홀수를 구하는 방법은 쉬워.

일의 자리가 0, 2, 4, 6, 8이면 짝수,

일의 자리가 1, 3, 5, 7, 9면 홀수야.

💬 아래 표 빈칸에 알맞은 수를 써넣으세요.

수	짝수	홀수
16, 22, 31, 40, 53, 55	16, 22, 40	31, 53, 55
81, 83, 84, 90, 92, 97		
16, 18, 20, 21, 47, 63		
30, 40, 51, 65, 77, 80		
27, 28, 30, 36, 41, 49		
14, 19, 31, 68, 80, 83		
25, 33, 48, 50, 61, 100		
16, 20, 23, 25, 31, 40		

5 DAY
B

짝수와 홀수 찾기

아래 표 빈칸에 알맞은 수를 써넣으세요.

수	짝수	홀수
93, 97, 74, 38, 60, 91		
36, 40, 23, 62, 25, 19		
54, 81, 83, 37, 28, 86		
53, 68, 71, 35, 54, 20		
14, 33, 46, 15, 39, 28		
44, 19, 40, 57, 25, 54		
91, 88, 56, 63, 35, 72		
51, 36, 23, 97, 48, 64		

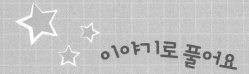

인형을 10개씩 묶고
모두 몇 개인지
세어 보세요.

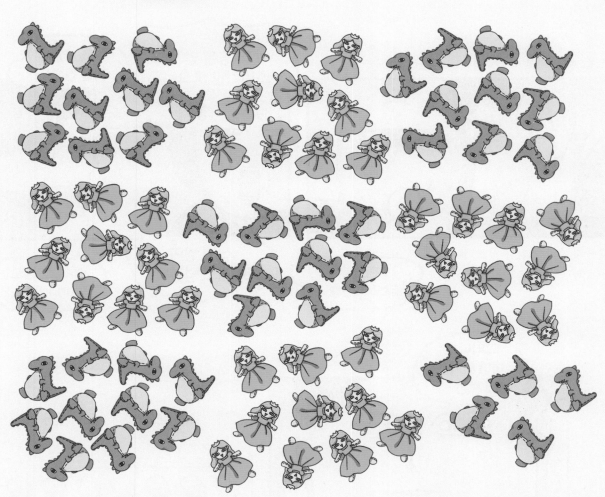

◆ 인형의 수를 쓰고 읽어 보세요.

10개씩 묶음	낱개

02. 스티커 모으기

요즘 나의 새로운 취미

캐릭터 빵의 스티커 모으기…!

으

이건 이미 갖고 있는데…

너 또 빵은 안 먹고 스티커만 모으니!?

나, 나중에 먹을 건데요…

집에 빵이 30개도 넘겠다!

에이, 그 정도는 아니에요…!

그러니까, 이어 세기를 해 보면…

원래 21개 있었는데, 6개 더 샀으니까…

빵이 27개 밖에 없네요!

내 아들이지만 얄밉다!

21 22 23 24 25 26 27

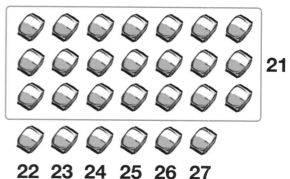

21

22 23 24 25 26 27

$$21 + 6 = 27$$

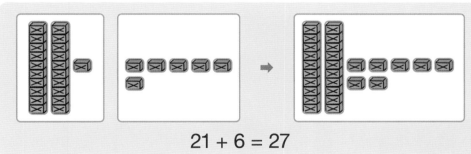

그런데 다음 날 사건이 일어나는데…

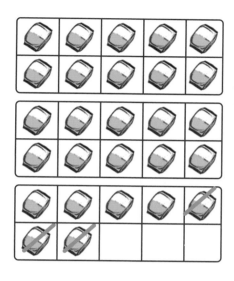

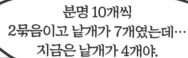

$$27 - 3 = 24$$

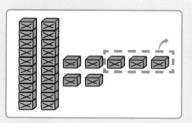

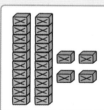

완벽한 추리

마음의 꿀팁 일의 자리는 일의 자리끼리, 십의 자리는 십의 자리끼리 계산해야 해.
덧셈과 뺄셈을 할 때 가장 중요한 건 같은 자리에 있는 수끼리 계산해야 한다는 거야.
이것만 잊지 않으면 덧셈과 뺄셈은 모두 계산할 수 있어!

받아올림이 없는
(몇십몇)+(몇)

덧셈을 할 때는 같은 자릿값끼리
더해야 한다는 걸 기억해! 덧셈을 하는 방법은
한 가지가 아니니까 다양한 방법으로 풀어 봐.

💬 덧셈식을 계산하고 빈칸에 알맞은 수를 쓰세요.

예시 21 + 6 = 27

22 23 24 25 26 27

① 34 + 4 = ☐

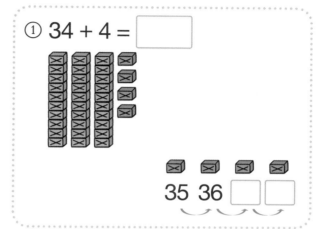

35 36 ☐ ☐

② 43 + 5 = ☐

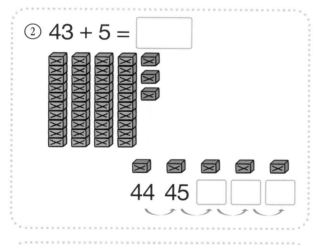

44 45 ☐ ☐ ☐

③ 50 + 6 = ☐

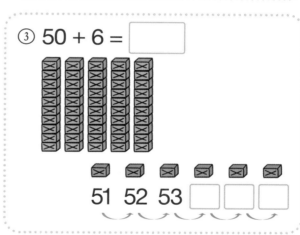

51 52 53 ☐ ☐ ☐

④ 22 + 7 = ☐

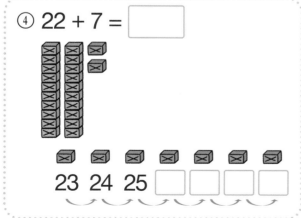

23 24 25 ☐ ☐ ☐ ☐

⑤ 42 + 4 = ☐

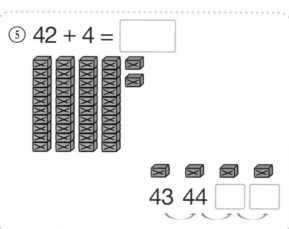

43 44 ☐ ☐

받아올림이 없는 (몇십몇)+(몇)

덧셈식을 계산하고 빈칸에 알맞은 수를 쓰세요.

① 85 + 3 = ☐

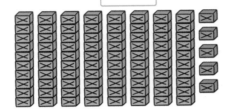

86 87 ☐

② 32 + 5 = ☐

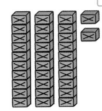

33 34 ☐ ☐ ☐

③ 44 + 4 = ☐

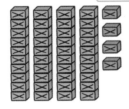

45 46 ☐ ☐

④ 72 + 7 = ☐

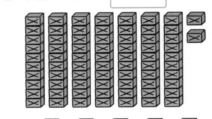

73 74 ☐ ☐ ☐ ☐ ☐

⑤ 20 + 8 = ☐

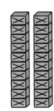

21 22 ☐ ☐ ☐ ☐ ☐ ☐

⑥ 52 + 6 = ☐

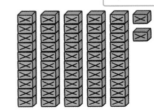

53 54 ☐ ☐ ☐ ☐

받아내림이 없는
(몇십몇)-(몇)

뺄셈을 하는 방법 중 빼야 하는 수만큼을
그림에서 지우고 확인하는 방법이 있어.
그림을 보고 빼야 하는 수만큼 그림에 빗금을 쳐 봐.

 빼는 수만큼 빗금을 그리고 뺄셈식을 계산하세요.

예시 27 − 3 = 24

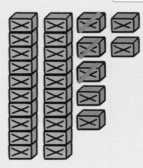

① 33 − 2 = ☐

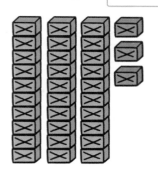

② 57 − 7 = ☐

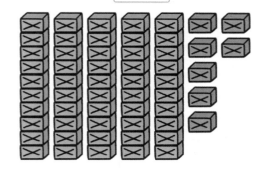

③ 48 − 6 = ☐

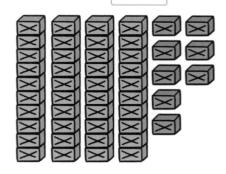

④ 34 − 4 = ☐

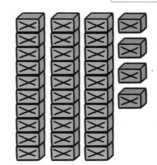

⑤ 17 − 5 = ☐

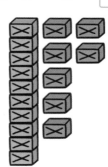

받아내림이 없는
(몇십몇)-(몇)

빼는 수만큼 빗금을 그리고 뺄셈식을 계산하세요.

① 77 − 3 = ☐

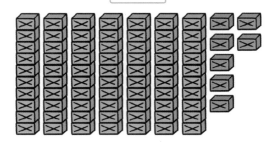

② 89 − 6 = ☐

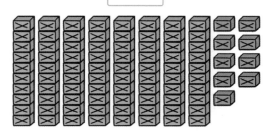

③ 35 − 3 = ☐

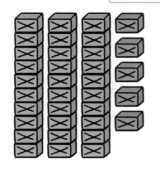

④ 29 − 5 = ☐

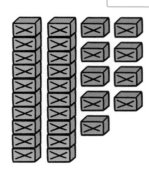

⑤ 16 − 2 = ☐

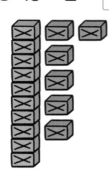

⑥ 65 − 4 = ☐

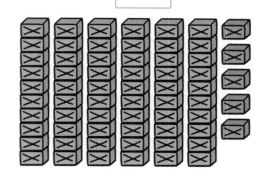

받아올림이 없는
(몇십몇)+(몇) 세로셈

같은 자리에 있는 일의 자리끼리 더한 후
십의 자리를 계산하면 돼! 계산하고 나서 다시 한 번
계산이 맞았는지 확인하는 거 잊지 마!

 덧셈을 계산해 보세요.

예시

```
    5 2
+     3
    5 5
```

①
```
    2 4
+     5
```

②
```
    1 6
+     2
```

③
```
    3 1
+     6
```

④
```
      8
+   5 0
```

⑤
```
      4
+   3 4
```

⑥
```
    1 3
+     4
```

⑦
```
    6 4
+     3
```

⑧
```
      8
+   4 1
```

⑨
```
    6 2
+     6
```

⑩
```
    3 5
+     2
```

⑪
```
      7
+   6 0
```

⑫
```
    2 5
+     2
```

⑬
```
    4 4
+     4
```

⑭
```
    5 1
+     6
```

⑮
```
      3
+   7 5
```

⑯
```
    2 6
+     2
```

⑰
```
    6 3
+     5
```

받아내림이 없는
(몇십몇)-(몇) 세로셈

🗨 뺄셈을 계산해 보세요.

①
```
    5 3
-     2
─────────
```

②
```
    3 7
-     4
─────────
```

③
```
    9 8
-     6
─────────
```

④
```
    1 7
-     2
─────────
```

⑤
```
    8 9
-     8
─────────
```

⑥
```
    4 4
-     3
─────────
```

⑦
```
    2 8
-     5
─────────
```

⑧
```
    5 6
-     1
─────────
```

⑨
```
    3 6
-     4
─────────
```

⑩
```
    3 5
-     4
─────────
```

⑪
```
    1 7
-     5
─────────
```

⑫
```
    4 7
-     3
─────────
```

⑬
```
    6 6
-     2
─────────
```

⑭
```
    4 2
-     1
─────────
```

⑮
```
    2 9
-     8
─────────
```

⑯
```
    1 9
-     3
─────────
```

⑰
```
    3 4
-     3
─────────
```

⑱
```
    4 6
-     2
─────────
```

**받아올림이 없는
덧셈 계산하기**

세로셈이 익숙해졌다면 이제 가로셈으로 계산해 보자.
머릿속으로 모형이나 세로셈을 떠올리며
문제를 해결해 봐.

 덧셈을 계산해 보세요.

① 41 + 5 = _____

② 22 + 6 = _____

③ 31 + 6 = _____

④ 63 + 5 = _____

⑤ 33 + 4 = _____

⑥ 51 + 8 = _____

⑦ 76 + 2 = _____

⑧ 42 + 4 = _____

⑨ 51 + 6 = _____

⑩ 42 + 6 = _____

⑪ 4 + 42 = _____

⑫ 5 + 70 = _____

⑬ 3 + 44 = _____

⑭ 8 + 21 = _____

⑮ 3 + 52 = _____

⑯ 60 + 4 = _____

⑰ 34 + 2 = _____

⑱ 31 + 2 = _____

⑲ 61 + 3 = _____

⑳ 2 + 14 = _____

㉑ 84 + 4 = _____

받아내림이 없는
뺄셈 계산하기

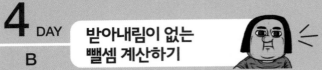

🗨 뺄셈을 계산해 보세요.

① 77 − 4 = _____   ② 81 − 1 = _____   ③ 98 − 7 = _____

④ 36 − 5 = _____   ⑤ 62 − 1= _____   ⑥ 19 − 3 = _____

⑦ 37 − 5 = _____   ⑧ 88 − 3 = _____   ⑨ 34 − 4 = _____

⑩ 14 − 2 = _____   ⑪ 93 − 2 = _____   ⑫ 74 − 2 = _____

⑬ 38 − 4 = _____   ⑭ 23 − 2 = _____   ⑮ 26 − 3 = _____

⑯ 54 − 4 = _____   ⑰ 28 − 5 = _____   ⑱ 83 − 2 = _____

⑲ 68 − 5 = _____   ⑳ 25 − 4 = _____   ㉑ 97 − 5 = _____

합이 같은 값 찾아서 이어 보기

덧셈을 손으로 계산하기 전에
머리로 한 번 계산하면 계산 실수를 줄일 수 있어.

💬 합이 같은 것끼리 이어 보세요.

①
41 + 3　　　5 + 31　　　20 + 7
　•　　　　　•　　　　　•

　•　　　　　•　　　　　•
30 + 6　　　40 + 4　　　21 + 6

②
22 + 5　　　63 + 3　　　18 + 1
　•　　　　　•　　　　　•

　•　　　　　•　　　　　•
23 + 4　　　12 + 7　　　60 + 6

③
53 + 3　　　62 + 7　　　5 + 20
　•　　　　　•　　　　　•

　•　　　　　•　　　　　•
21 + 4　　　63 + 6　　　6 + 50

④
3 + 33　　　42 + 6　　　51 + 3
　•　　　　　•　　　　　•

　•　　　　　•　　　　　•
6 + 30　　　52 + 2　　　45 + 3

차가 같은 값 찾아서
이어 보기

💬 차가 같은 것끼리 이어 보세요

①
46 − 4   35 − 2   27 − 3
•   •   •

•   •   •
37 − 4   48 − 6   25 − 1

②
57 − 5   45 − 3   59 − 4
•   •   •

•   •   •
49 − 7   56 − 1   56 − 4

③
38 − 6   28 − 3   25 − 4
•   •   •

•   •   •
29 − 8   39 − 7   27 − 2

④
43 − 2   52 − 2   36 − 4
•   •   •

•   •   •
45 − 4   34 − 2   58 − 8

애봉이의 생일이 다가오고 있습니다.
애봉이는 자기가 받고 싶은 선물을 석이에게 쪽지에 적어 주었어요.
쪽지에는 '계산 결과가 큰 순서대로 글자를 적어 봐.'라고 적혀 있네요.
애봉이가 받고 싶은 선물을 석이가 알아낼 수 있도록 도와주세요.

03. 도전, 딱지왕!

어느 날 애봉이가 나에게 던진 도전장!

석아, 우리
딱지치기 하자!

훗, 이 구역 딱지왕인 나에게

감히 딱지로 승부를 걸다니…

그래, 지금까지
모은 딱지를 꺼내 봐!

역시 좀 봐 주면서 해야겠지? 훗…

많이 모으진
못했지만…

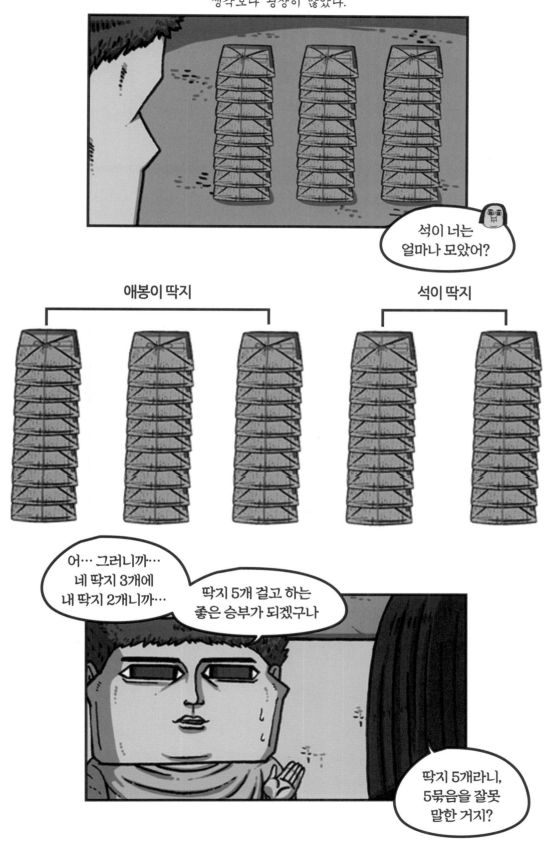

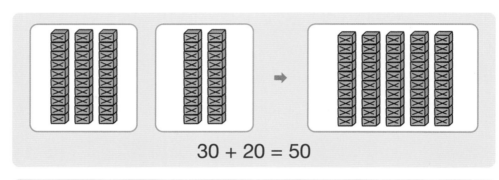

$$30 + 20 = 50$$

$$
\begin{array}{r}
3\ 0 \\
+\ 2\ 0 \\
\end{array}
\;\Rightarrow\;
\begin{array}{r}
3\ 0 \\
+\ 2\ 0 \\
\hline
0 \\
\end{array}
\;\Rightarrow\;
\begin{array}{r}
3\ 0 \\
+\ 2\ 0 \\
\hline
5\ 0 \\
\end{array}
$$

정신을 차려 보니

딱지가 10개나 사라져 있었다.

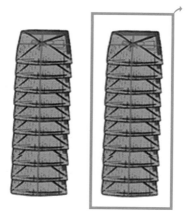

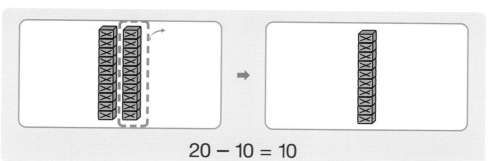

20 - 10 = 10

	2	0			2	0			2	0
-	1	0	⟶	-	1	0	⟶	-	1	0
						0			1	0

아냐, 다시 생각해 보자.

20-10을 해 보면…

자릿수를 잘 맞추어 계산해 보면 10개 잃은 거 맞네!?

일단 후퇴

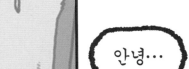

사나이 아니잖아.

그렇게 그날

모든 딱지를 잃었습니다.

마음의
꿀팁

세로셈을 할 때 중요한 건
같은 자리에 있는 수끼리 계산을 해야 한다는 거야.
계산하고 나서 다시 한 번 내가 계산한 답이 맞는지
확인하는 거 잊지 마!

💬 그림을 보고 빈칸에 알맞은 수를 써넣으세요.

예시

$20 + 30 = 50$

①

$40 + \boxed{} = \boxed{}$

②
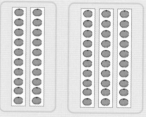

$50 + \boxed{} = \boxed{}$

③
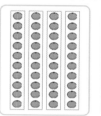

$\boxed{} + 30 = \boxed{}$

④
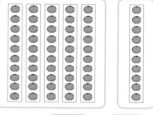

$\boxed{} + \boxed{} = \boxed{}$

⑤
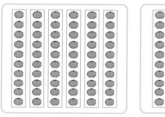

$\boxed{} + \boxed{} = \boxed{}$

⑥
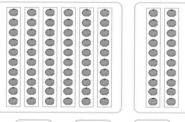

$\boxed{} + \boxed{} = \boxed{}$

⑦
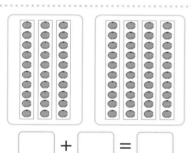

$\boxed{} + \boxed{} = \boxed{}$

그림을 보고 (몇십)-(몇십) 계산하기

🗨 그림을 보고 빈칸에 알맞은 수를 써넣으세요.

예시

$$60 - \boxed{30} = \boxed{30}$$

① $70 - \boxed{} = \boxed{}$

② $30 - \boxed{} = \boxed{}$

③ $\boxed{} - 30 = \boxed{}$

④ $\boxed{} - \boxed{} = \boxed{}$

⑤ $\boxed{} - \boxed{} = \boxed{}$

⑥ $\boxed{} - \boxed{} = \boxed{}$

⑦ $\boxed{} - \boxed{} = \boxed{}$

(몇십)+(몇십)
세로셈 계산하기

20은 십 모형이 2개지?
그러면 20+20은 십 모형이 모두 몇 개일까?
수 모형을 생각하면 쉽게 계산할 수 있어.

 덧셈을 계산해 보세요.

①
```
    2 0
+   2 0
-------
```

②
```
    3 0
+   4 0
-------
```

③
```
    5 0
+   3 0
-------
```

④
```
    1 0
+   7 0
-------
```

⑤
```
    3 0
+   1 0
-------
```

⑥
```
    1 0
+   3 0
-------
```

⑦
```
    2 0
+   6 0
-------
```

⑧
```
    5 0
+   4 0
-------
```

⑨
```
    1 0
+   4 0
-------
```

⑩
```
    5 0
+   2 0
-------
```

⑪
```
    1 0
+   8 0
-------
```

⑫
```
    8 0
+   1 0
-------
```

⑬
```
    3 0
+   3 0
-------
```

⑭
```
    4 0
+   4 0
-------
```

⑮
```
    2 0
+   3 0
-------
```

2 DAY
B
**(몇십)-(몇십)
세로셈 계산하기**

🗨 뺄셈을 계산해 보세요.

①
```
    5  0
-   2  0
```

②
```
    8  0
-   6  0
```

③
```
    3  0
-   2  0
```

④
```
    7  0
-   6  0
```

⑤
```
    6  0
-   2  0
```

⑥
```
    4  0
-   2  0
```

⑦
```
    9  0
-   5  0
```

⑧
```
    2  0
-   1  0
```

⑨
```
    9  0
-   2  0
```

⑩
```
    8  0
-   2  0
```

⑪
```
    5  0
-   1  0
```

⑫
```
    7  0
-   3  0
```

⑬
```
    3  0
-   1  0
```

⑭
```
    6  0
-   5  0
```

⑮
```
    8  0
-   3  0
```

덧셈식 만들기

(몇십) + (몇십) = 60은 십 모형이 6개가
있다는 뜻이지? 십 모형이 6개가 될 수 있게
두 장의 카드를 찾아 보자.

여러 장의 카드 중 두 수를 골라 주어진 합이 되도록 덧셈식을 써 보세요.

카드	덧셈식
20, 30, 10, 50, 60	☐ + ☐ = **60**
20, 40, 50, 60, 70	☐ + ☐ = **70**
10, 20, 30, 40, 60	☐ + ☐ = **80**
30, 40, 10, 20, 70	☐ + ☐ = **90**
10, 30, 40, 80, 90	☐ + ☐ = **50**
60, 30, 50, 80, 90	☐ + ☐ = **90**

빨셈식 만들기

여러 장의 카드 중 두 수를 골라 주어진 차가 되도록 뺄셈식을 써 보세요.

카드	뺄셈식
30, 20, 70, 50, 10	☐ − ☐ = 50
10, 40, 20, 50, 90	☐ − ☐ = 20
10, 20, 80, 70, 60	☐ − ☐ = 20
80, 10, 70, 50, 30	☐ − ☐ = 30
30, 20, 90, 50, 40	☐ − ☐ = 50
30, 90, 40, 50, 60	☐ − ☐ = 40

두 수의 합이 같은 값 찾기

주어진 수가 모두 몇십이기 때문에
십의 자리끼리만 더하고 비교하면
좀 더 빠르게 구할 수 있어.

💬 계산 결과가 같은 것끼리 선으로 이어 보세요.

① 40 + 30   20 + 20   40 + 50
   •   •   •

   •   •   •
   30 + 10   10 + 60   30 + 60

② 20 + 50   10 + 70   30 + 20
   •   •   •

   •   •   •
   60 + 10   20 + 30   40 + 40

③ 50 + 30   20 + 10   50 + 20
   •   •   •

   •   •   •
   10 + 20   40 + 30   10 + 70

④ 60 + 20   10 + 50   30 + 40
   •   •   •

   •   •   •
   30 + 30   30 + 50   60 + 10

두 수의 차가 같은 값 찾기

 계산 결과가 같은 것끼리 선으로 이어 보세요.

①
60 – 30　　　　20 – 10　　　　90 – 40
　●　　　　　　●　　　　　　●

　●　　　　　　●　　　　　　●
60 – 10　　　　70 – 40　　　　60 – 50

②
70 – 20　　　　60 – 30　　　　90 – 80
　●　　　　　　●　　　　　　●

　●　　　　　　●　　　　　　●
40 – 10　　　　70 – 60　　　　80 – 30

③
50 – 30　　　　60 – 20　　　　40 – 10
　●　　　　　　●　　　　　　●

　●　　　　　　●　　　　　　●
70 – 50　　　　90 – 60　　　　70 – 30

④
60 – 50　　　　40 – 20　　　　70 – 20
　●　　　　　　●　　　　　　●

　●　　　　　　●　　　　　　●
90 – 70　　　　80 – 30　　　　30 – 20

덧셈과 뺄셈 계산하기

화살표 방향을 잘 보고
계산하는 거 잊지 마!

💬 빈칸에 알맞은 수를 써넣으세요.

예시

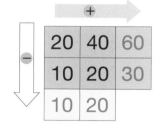

+ →		
20	40	60
10	20	30

10	20	

$$20 - 10 = 10$$

석아 20-10은 어떻게 계산할까?

20-10은 십 모형 2개에서 십 모형 1개를 뺀 거니깐… 10이겠네!

아하! 십 모형을 생각하고 풀면 쉽구나!

---

①
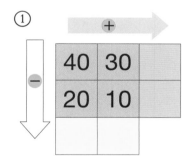

+ →		
40	30	
20	10	

②
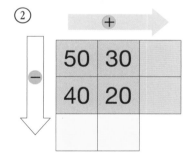

+ →		
50	30	
40	20	

③
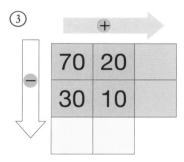

+ →		
70	20	
30	10	

④
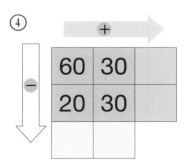

+ →		
60	30	
20	30	

⑤
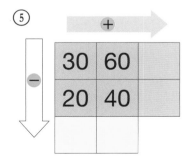

+ →		
30	60	
20	40	

⑥
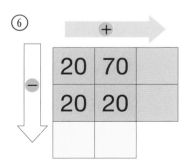

+ →		
20	70	
20	20	

빈칸에 알맞은 수를 써넣으세요.

①

− →	
10	10
40	30

②

− →	
40	20
50	40

③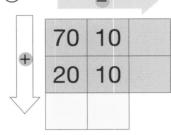

④

− →	
60	10
20	10

⑤

− →	
50	20
40	10

⑥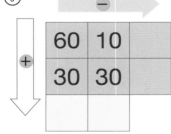

⑦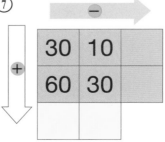

⑧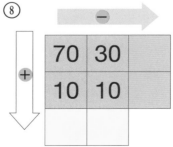

⑨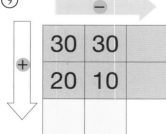

형이 석이에게 남긴 편지를 읽어 보세요.
아래 연두색 칸에 적힌 문제의 정답을 찾아
아래 표에 색칠을 해 보세요.

석이에게
석아, 어제 엄마가 해 준 만두를
형이 몇 개 남겼는지 궁금하지?

내가 남긴 문제를 풀면
만두가 몇 개 남았는지 알 수 있어.
우리 동생 형이 많이 사랑해.

30+20 40+50	25	31	45	66	89
50-40	20	10	50	60	99
60-30 10+70	0	90	27	70	87
20+20	31	30	80	40	15
60+10 20+40	38	58	77	100	23

남은 만두의 수 : _____ 개

만두가
너무 맛있네.

04. 우리 집은 통닭집?

아빠 가게가 집 쪽으로 이사 왔다.

장사가
잘 되어야 할 텐데…

놀랍게도 엄청 잘 됨.

우와…

사람들이
엄청 많네!

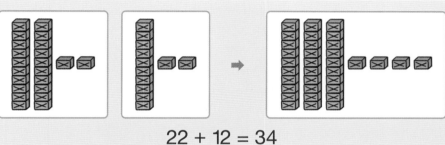

$$22 + 12 = 34$$

$$
\begin{array}{r}
2\ 2 \\
+\ 1\ 2 \\
\end{array}
\quad\Rightarrow\quad
\begin{array}{r}
2\ 2 \\
+\ 1\ 2 \\
\hline
4 \\
\end{array}
\quad\Rightarrow\quad
\begin{array}{r}
2\ 2 \\
+\ 1\ 2 \\
\hline
3\ 4 \\
\end{array}
$$

결국 뒤로 쫓겨났는데…

지금은 내 앞에 28명이나 있잖아…?

가게 이름이 '우리 집'이잖아!

 아니 그게 아니라

진짜 우리 집 이라니까요.

어? 11명이나 한 번에 들어가네!? 단체 손님인가?

저 사람들이 다 들어가면 28-11이니까…

자릿수 맞춰서 계산하면, 이제 내 앞에 17명 뿐이네!

28 - 11 = 17

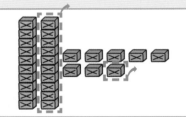 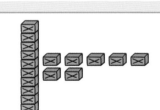

	2 8			2 8			2 8
−	1 1	➡	−	1 1	➡	−	1 1
				7			1 7

아빠…

가게 이름 당장 바꾸자…

마음의
꿀팁

십의 자리는 십의 자리,
일의 자리는 일의 자리끼리 계산해야 해.
계산하기 힘들 때는 수 모형을 생각해 봐.

(몇십몇)+(몇십몇)
세로셈 계산하기

두 자리 수 + 두 자리 수를 계산할 때는
같은 자리에 있는 값끼리 계산만 하면 돼. 계산하고
나서 꼭 내가 계산한 값이 맞는지 확인해야 해.

 덧셈을 해 보세요.

①
```
    3  2
 +  4  2
```

②
```
    7  7
 +  1  1
```

③
```
    3  4
 +  3  2
```

④
```
    6  3
 +  2  1
```

⑤
```
    2  4
 +  5  3
```

⑥
```
    3  1
 +  1  8
```

⑦
```
    6  7
 +  2  1
```

⑧
```
    1  2
 +  2  6
```

⑨
```
    2  5
 +  7  3
```

⑩
```
    4  3
 +  5  5
```

⑪
```
    5  4
 +  3  5
```

⑫
```
    6  4
 +  3  1
```

⑬
```
    5  6
 +  2  1
```

⑭
```
    2  2
 +  4  7
```

⑮
```
    1  5
 +  5  1
```

⑯
```
    1  6
 +  3  2
```

⑰
```
    7  5
 +  2  2
```

⑱
```
    3  2
 +  5  1
```

(몇십몇)+(몇십몇)
세로셈 계산하기

🗨 덧셈을 해 보세요.

①
```
   6 6
+  1 1
```

②
```
   2 8
+  4 1
```

③
```
   7 4
+  2 3
```

④
```
   8 5
+  1 1
```

⑤
```
   2 6
+  7 2
```

⑥
```
   4 2
+  3 5
```

⑦
```
   3 6
+  5 2
```

⑧
```
   5 3
+  2 3
```

⑨
```
   4 7
+  4 2
```

⑩
```
   8 2
+  1 3
```

⑪
```
   1 4
+  6 1
```

⑫
```
   3 2
+  3 4
```

⑬
```
   7 2
+  1 3
```

⑭
```
   5 5
+  2 3
```

⑮
```
   2 3
+  4 2
```

⑯
```
   4 8
+  3 1
```

⑰
```
   6 2
+  1 2
```

⑱
```
   8 4
+  1 4
```

2 DAY
A

(몇십몇)-(몇십몇)
세로셈 계산하기

세로셈은 일의 자리는 일의 자리끼리,

십의 자리는 십의 자리끼리 맞춰서 쓰지?

계산할 때도 똑같다는 거 잊지 마!

 뺄셈을 해 보세요.

①
```
    6  8
-   2  2
```

②
```
    7  1
-   5  1
```

③
```
    9  9
-   4  2
```

④
```
    6  8
-   5  3
```

⑤
```
    6  5
-   1  3
```

⑥
```
    3  9
-   2  5
```

⑦
```
    5  4
-   4  1
```

⑧
```
    5  7
-   2  3
```

⑨
```
    4  8
-   2  3
```

⑩
```
    4  6
-   2  3
```

⑪
```
    2  5
-   1  2
```

⑫
```
    8  9
-   4  4
```

⑬
```
    3  4
-   1  1
```

⑭
```
    9  4
-   5  2
```

⑮
```
    8  9
-   6  3
```

⑯
```
    4  7
-   2  5
```

⑰
```
    5  8
-   3  5
```

⑱
```
    6  3
-   3  1
```

빼셈을 해 보세요.

①
```
    2 9
-   1 4
```

②
```
    3 7
-   2 5
```

③
```
    7 1
-   4 1
```

④
```
    5 7
-   1 3
```

⑤
```
    4 5
-   3 3
```

⑥
```
    9 4
-   1 2
```

⑦
```
    8 7
-   3 6
```

⑧
```
    6 6
-   2 1
```

⑨
```
    2 4
-   1 3
```

⑩
```
    6 3
-   4 3
```

⑪
```
    7 4
-   6 1
```

⑫
```
    5 8
-   2 2
```

⑬
```
    8 2
-   2 1
```

⑭
```
    4 9
-   1 3
```

⑮
```
    3 6
-   2 3
```

⑯
```
    9 3
-   6 2
```

⑰
```
    8 5
-   3 3
```

⑱
```
    6 9
-   5 7
```

가로셈 계산하기

가로셈이 힘들 때는 세로셈으로 바꿔서 계산해 봐.
처음에는 어렵지만 풀다 보면 금방 익숙해질 거야.
포기하지 말고 문제를 차분히 풀어 보자.

 계산해 보세요.

① 58 − 34 =

② 45 + 12 =

③ 52 + 41 =

④ 77 − 64 =

⑤ 86 − 34 =

⑥ 64 + 22 =

⑦ 89 − 18 =

⑧ 49 − 22 =

⑨ 75 + 21 =

⑩ 95 − 82 =

⑪ 28 + 11 =

⑫ 58 − 32 =

⑬ 56 + 23 =

⑭ 34 − 31 =

⑮ 79 − 26 =

⑯ 35 + 22 =

⑰ 68 − 56 =

⑱ 45 + 22 =

⑲ 27 + 11 =

⑳ 98 − 27 =

㉑ 64 − 32 =

가로셈 계산하기

💬 계산해 보세요.

① 52 + 32 = ＿＿＿＿

② 55 − 42 = ＿＿＿＿

③ 98 − 16 = ＿＿＿＿

④ 69 − 33 = ＿＿＿＿

⑤ 47 + 21 = ＿＿＿＿

⑥ 87 − 45 = ＿＿＿＿

⑦ 77 + 21 = ＿＿＿＿

⑧ 45 + 23 = ＿＿＿＿

⑨ 72 − 50 = ＿＿＿＿

⑩ 38 − 15 = ＿＿＿＿

⑪ 28 − 12 = ＿＿＿＿

⑫ 97 − 62 = ＿＿＿＿

⑬ 55 + 34 = ＿＿＿＿

⑭ 48 − 20 = ＿＿＿＿

⑮ 46 + 23 = ＿＿＿＿

⑯ 67 − 35 = ＿＿＿＿

⑰ 78 − 41 = ＿＿＿＿

⑱ 94 − 32 = ＿＿＿＿

⑲ 76 − 64 = ＿＿＿＿

⑳ 31 + 36 = ＿＿＿＿

㉑ 95 − 22 = ＿＿＿＿

계산 결과가 같은 값 찾기

덧셈과 뺄셈을 모두 계산한 후
계산 결과가 같은 것을 찾아야 해.
풀기 전에 눈으로 한 번 풀어 보면 좋아.

🗨 합과 차의 계산 결과가 같은 것끼리 이어 보세요.

① 54 + 24 •   • 75 − 11

   43 + 21 •   • 98 − 20

   65 + 22 •   • 47 − 10

   21 + 16 •   • 98 − 11

② 32 + 30 •   • 85 − 23

   54 + 23 •   • 87 − 10

   73 + 11 •   • 99 − 15

   55 + 20 •   • 88 − 13

③ 62 + 26 •   • 86 − 13

   60 + 13 •   • 98 − 10

   24 + 63 •   • 88 − 12

   30 + 46 •   • 99 − 12

④ 15 + 53 •   • 79 − 11

   20 + 46 •   • 87 − 21

계산 결과가 같은 값 찾기

 합과 차의 계산 결과가 같은 것끼리 이어 보세요.

① 79 – 32 •   • 12 + 11

47 – 24 •   • 13 + 34

55 – 31 •   • 30 + 31

83 – 22 •   • 13 + 11

② 99 – 45 •   • 22 + 32

65 – 21 •   • 10 + 34

76 – 34 •   • 14 + 21

48 – 13 •   • 31 + 11

③ 96 – 23 •   • 23 + 31

68 – 14 •   • 61 + 12

66 – 41 •   • 13 + 12

34 – 12 •   • 10 + 12

④ 78 – 32 •   • 22 + 10

88 – 56 •   • 25 + 21

앞으로, 거꾸로 풀기

1학년 1학기 때 공부했던 내용이야.
수가 두 자리로 커졌을 뿐 원리는 똑같아!
한 번 공부했던 내용이니까 자신 있게 풀 수 있지?

세 개의 수를 활용해서 덧셈과 뺄셈식을 만들 수 있구나.

앞으로 풀기	거꾸로 풀기	숨어 있는 값 찾기
26 + 32 = [58]	58 − 32 = [26]	58 − [26] = 32

덧셈식을 통해서 뺄셈식을 만들 수 있어. 덧셈식을 거꾸로 풀어 봐.

식을 계산하고 빈칸에 들어갈 값을 쓰세요.

앞으로 풀기	거꾸로 풀기	숨어 있는 값 찾기
42 + 36 = ☐	78 − 36 = ☐	78 − ☐ = 36
45 + 23 = ☐	68 − 23 = ☐	68 − ☐ = 23
64 + 15 = ☐	79 − 15 = ☐	79 − ☐ = 15
43 + 54 = ☐	97 − 54 = ☐	97 − ☐ = 54
24 + 45 = ☐	69 − 45 = ☐	69 − ☐ = 45
40 + 26 = ☐	66 − 26 = ☐	66 − ☐ = 26

앞으로, 거꾸로 풀기

식을 계산하고 빈칸에 들어갈 값을 쓰세요.

앞으로 풀기	거꾸로 풀기	숨어 있는 값 찾기
24 + 55 = ☐	79 − 55 = ☐	79 − ☐ = 55
40 + 46 = ☐	86 − 46 = ☐	86 − ☐ = 46
23 + 54 = ☐	77 − 54 = ☐	77 − ☐ = 54
67 + 22 = ☐	89 − 22 = ☐	89 − ☐ = 22
58 + 11 = ☐	69 − 11 = ☐	69 − ☐ = 11
26 + 42 = ☐	68 − 42 = ☐	68 − ☐ = 42
14 + 35 = ☐	49 − 35 = ☐	49 − ☐ = 35
51 + 27 = ☐	78 − 27 = ☐	78 − ☐ = 27
55 + 14 = ☐	69 − 14 = ☐	69 − ☐ = 14
49 + 20 = ☐	69 − 20 = ☐	69 − ☐ = 20
13 + 53 = ☐	66 − 53 = ☐	66 − ☐ = 53
37 + 41 = ☐	78 − 41 = ☐	78 − ☐ = 41
25 + 14 = ☐	39 − 14 = ☐	39 − ☐ = 14
46 + 21 = ☐	67 − 21 = ☐	67 − ☐ = 21

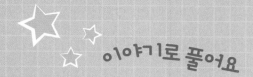
조석 가족이 딱지 대결을 하고 나서
서로가 갖고 있는 딱지를 나열한 그림입니다.
그림을 잘 보고 덧셈과 뺄셈을 해 보세요.

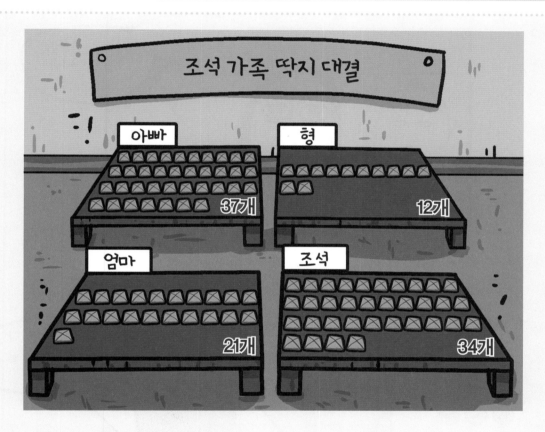

조석 가족 딱지 대결

아빠 37개
형 12개
엄마 21개
조석 34개

1. 형과 조석의 딱지는
   모두 몇 개일까요?

   ☐ + ☐ = ☐

2. 아빠와 엄마의 딱지는
   모두 몇 개일까요?

   ☐ + ☐ = ☐

3. 아빠의 딱지는 엄마의 딱지보다
   몇 개 더 많은가요?

   ☐ – ☐ = ☐

4. 조석의 딱지는 형의 딱지보다
   몇 개 더 많은가요?

   ☐ – ☐ = ☐

05. 내 구슬 하나가 어디 갔지?

평화롭던 어느 오후…

그래! 좋지!

그러나 게임이 끝난 뒤

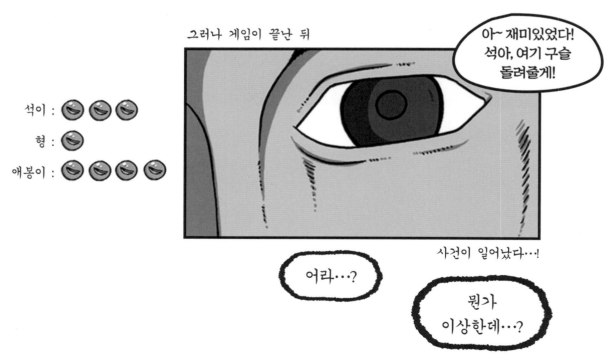

석이 :

형 :

애봉이 :

사건이 일어났다…!

어라…?

뭔가 이상한데…?

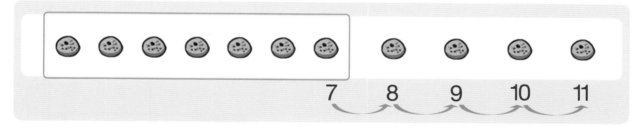

$$7 + 4 = 11$$

$$4 + 7 = 11$$

귤 7개에서 4개를 이어 세기 하면 11개! 간단하죠!

훗…!

반대로 아빠가 가져온 귤 4개부터 7개를 이어 세어도 11!

오오, 역시 내 아들! 훌륭하다!

근데…

와, 이번 귤 엄청 달다!

왜 자꾸 찝찝한 기분이…

어라…?

내 구슬 하나 어디 갔지…?

마음의 꿀팁

세 수의 덧셈과 뺄셈을 할 때 앞에 있는 두 수부터 계산하고
남은 수와 계산하면 돼.
덧셈 문제가 어려울 때는 이어 세기를 해 봐.
덧셈은 자리를 바꿔서 더해도 답이 똑같아.
예를 들어 5+7=12, 7+5=12야.

**그림을 보고
세 수의 덧셈하기**

세 개의 그림을 보고 수를 센 후 식을 만들고
앞에서부터 차근차근 더해 봐.

💬 그림에 알맞은 식을 만들고 계산해 보세요.

예시

$$3 + 2 + 1 = 6$$

①

$$\square + \square + \square = \square$$

②

$$\square + \square + \square = \square$$

③

$$\square + \square + \square = \square$$

④

$$\square + \square + \square = \square$$

⑤

$$\square + \square + \square = \square$$

⑥

$$\square + \square + \square = \square$$

⑦

$$\square + \square + \square = \square$$

그림에 알맞은 식을 만들고 계산해 보세요.

①

☐ + ☐ + ☐ = ☐

②

☐ + ☐ + ☐ = ☐

③

☐ + ☐ + ☐ = ☐

④

☐ + ☐ + ☐ = ☐

⑤

☐ + ☐ + ☐ = ☐

⑥

☐ + ☐ + ☐ = ☐

⑦

☐ + ☐ + ☐ = ☐

⑧

☐ + ☐ + ☐ = ☐

그림을 보고 세 수의 뺄셈하기

세 수의 뺄셈을 할 때도 앞에 있는
두 수부터 계산하고 남은 수와 계산하면 돼.
그림을 잘 보고 뺄셈식을 세우고 계산해 보자.

 그림에 알맞은 식을 만들고 계산해 보세요.

예시

$$7 - \boxed{4} - \boxed{1} = \boxed{2}$$

①

$$8 - \boxed{} - \boxed{} = \boxed{}$$

②

$$6 - \boxed{} - \boxed{} = \boxed{}$$

③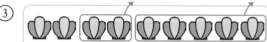

$$9 - \boxed{} - \boxed{} = \boxed{}$$

④

$$8 - \boxed{} - \boxed{} = \boxed{}$$

⑤

$$9 - \boxed{} - \boxed{} = \boxed{}$$

⑥

$$7 - \boxed{} - \boxed{} = \boxed{}$$

⑦

$$9 - \boxed{} - \boxed{} = \boxed{}$$

그림에 알맞은 식을 만들고 계산해 보세요.

① ★★★ ★★ ★★

$7 - \boxed{} - \boxed{} = \boxed{}$

②

$5 - \boxed{} - \boxed{} = \boxed{}$

③

$8 - \boxed{} - \boxed{} = \boxed{}$

④

$6 - \boxed{} - \boxed{} = \boxed{}$

⑤

$7 - \boxed{} - \boxed{} = \boxed{}$

⑥

$9 - \boxed{} - \boxed{} = \boxed{}$

⑦

$8 - \boxed{} - \boxed{} = \boxed{}$

⑧

$6 - \boxed{} - \boxed{} = \boxed{}$

3 DAY

A

세 수의 덧셈하기

세 수의 덧셈을 할 때는
앞에 있는 두 수부터 계산하고 나서
마지막 수를 계산하면 좋아.

💬 세 수를 더해 보세요.

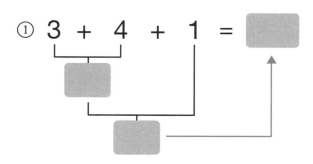

① 3 + 4 + 1 =

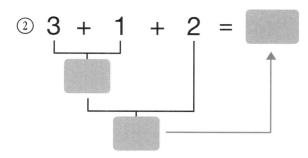

② 3 + 1 + 2 =

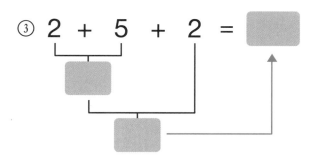

③ 2 + 5 + 2 =

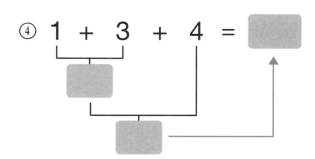

④ 1 + 3 + 4 =

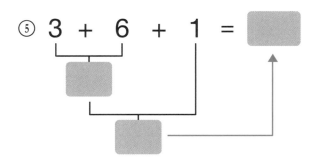

⑤ 3 + 6 + 1 =

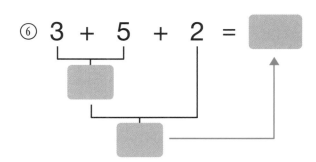

⑥ 3 + 5 + 2 =

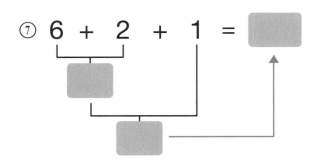

⑦ 6 + 2 + 1 =

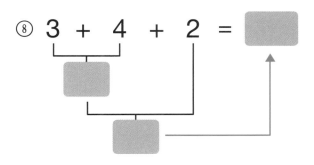

⑧ 3 + 4 + 2 =

세 수의 뺄셈하기

🗨 세 수를 빼 보세요.

①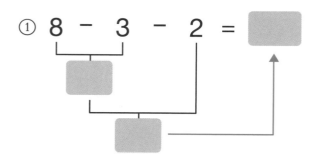
8 - 3 - 2 =

②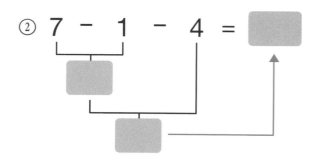
7 - 1 - 4 =

③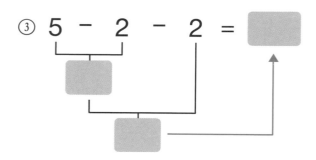
5 - 2 - 2 =

④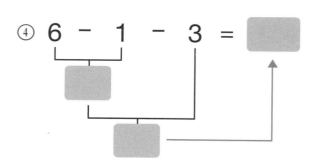
6 - 1 - 3 =

⑤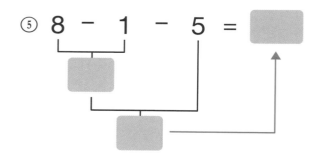
8 - 1 - 5 =

⑥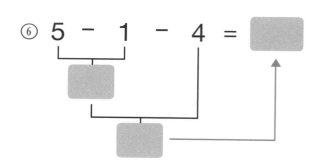
5 - 1 - 4 =

⑦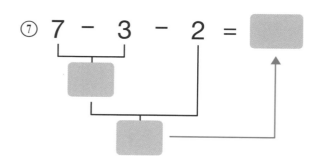
7 - 3 - 2 =

⑧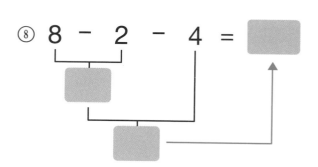
8 - 2 - 4 =

합이 같은 것끼리 이어 보기

덧셈은 순서를 바꿔서 더해도 계산 결과는 똑같아!

매력 있지? 계산을 다 해 보지 않아도

우리는 합이 같은 걸 금방 찾을 수 있어.

 합이 같은 것끼리 이어 봅시다.

검은 돌 7개, 흰 돌 4개를 더하면 11!
흰 돌과 검은 돌 위치를
바꿔서 더해도 11!

$$7 + 4 = \boxed{11}$$

$$4 + 7 = \boxed{11}$$

 덧셈은 더하는
순서를 바꿔도
답이 같구나!

①   8 + 5 •   • 6 + 4

    4 + 6 •   • 5 + 8

    4 + 7 •   • 7 + 4

②   9 + 5 •   • 6 + 5

    5 + 6 •   • 5 + 9

    6 + 7 •   • 7 + 6

③   7 + 5 •   • 7 + 3

    8 + 2 •   • 2 + 8

    3 + 7 •   • 5 + 7

④   9 + 7 •   • 8 + 3

    3 + 8 •   • 7 + 9

    8 + 4 •   • 4 + 8

⑤   9 + 8 •   • 7 + 2

    9 + 1 •   • 8 + 9

    2 + 7 •   • 1 + 9

⑥   7 + 8 •   • 8 + 7

    5 + 3 •   • 3 + 5

    6 + 8 •   • 8 + 6

수직선을 이용해서 계산하기

🗨 빈칸에 정답을 적고 계산식의 순서에 따라 수직선에 화살표를 그려 보세요.

예시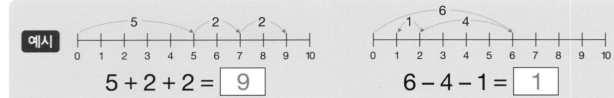

$$5 + 2 + 2 = \boxed{9}$$

$$6 - 4 - 1 = \boxed{1}$$

①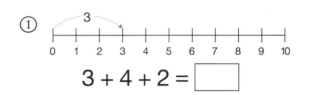

$$3 + 4 + 2 = \boxed{}$$

②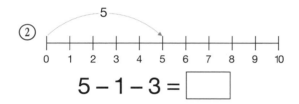

$$5 - 1 - 3 = \boxed{}$$

③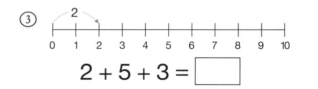

$$2 + 5 + 3 = \boxed{}$$

④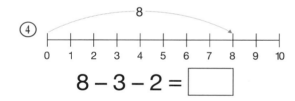

$$8 - 3 - 2 = \boxed{}$$

⑤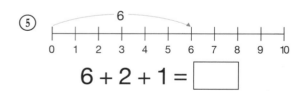

$$6 + 2 + 1 = \boxed{}$$

⑥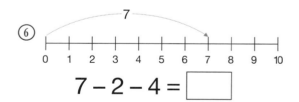

$$7 - 2 - 4 = \boxed{}$$

⑦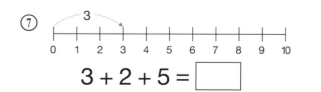

$$3 + 2 + 5 = \boxed{}$$

⑧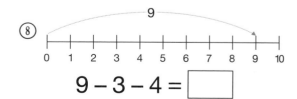

$$9 - 3 - 4 = \boxed{}$$

세 수의 덧셈과 뺄셈
크기 비교

세 수의 덧셈은 순서에 상관 없이
계산해도 되지만 세 수의 뺄셈은
앞에서부터 차례대로 하는 게 좋아.

 계산 결과를 비교하여 ◯ 안에 〉, 〈, =를 알맞게 써넣으세요.

① 4 + 3 + 1 ◯ 2 + 5 + 2

② 8 - 2 - 3 ◯ 6 - 1 - 1

③ 2 + 6 + 1 ◯ 3 + 1 + 2

④ 5 - 2 - 1 ◯ 7 - 6 - 1

⑤ 1 + 7 + 1 ◯ 2 + 3 + 4

⑥ 7 - 2 - 4 ◯ 9 - 3 - 2

⑦ 6 + 1 + 2 ◯ 3 + 3 + 3

⑧ 5 - 2 - 2 ◯ 6 - 3 - 3

계산 결과를 비교하여 ◯ 안에 〉, 〈, =를 알맞게 써넣으세요.

① 2 + 5 + 1 ◯ 3 + 2 + 4

② 7 - 2 - 1 ◯ 8 - 5 - 3

③ 4 + 1 + 3 ◯ 3 + 2 + 2

④ 8 - 3 - 2 ◯ 9 - 2 - 5

⑤ 1 + 5 + 2 ◯ 2 + 1 + 6

⑥ 6 - 1 - 3 ◯ 7 - 4 - 2

⑦ 3 + 2 + 1 ◯ 1 + 4 + 2

⑧ 8 - 3 - 3 ◯ 6 - 1 - 2

석이와 애봉이가 세 개의 화살을 쏘았습니다.
석이와 애봉이가 쏜 화살의 점수를 모두 더하는 덧셈식을 세우고 계산하세요.

석이

덧셈식 :

총 점수 :

애봉이

덧셈식 :

총 점수 :

석이의 점수는 애봉이의 점수보다 몇 점 더 높나요?   답 : _____ 점

06. 계산기는 비장의 무기

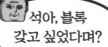

그렇게 뭔가 받긴 했는데

장난감이 아닌 것 같은 기분이…

그래도 선물로 받은 거니까

가지고 놀아 볼까…

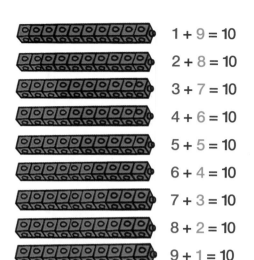

$1 + 9 = 10$
$2 + 8 = 10$
$3 + 7 = 10$
$4 + 6 = 10$
$5 + 5 = 10$
$6 + 4 = 10$
$7 + 3 = 10$
$8 + 2 = 10$
$9 + 1 = 10$

폭풍 자랑

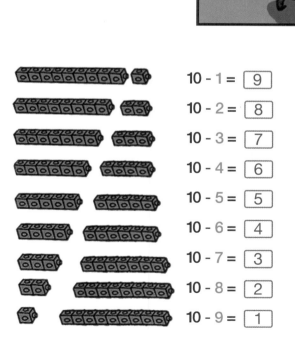

$10 - 1 = \boxed{9}$
$10 - 2 = \boxed{8}$
$10 - 3 = \boxed{7}$
$10 - 4 = \boxed{6}$
$10 - 5 = \boxed{5}$
$10 - 6 = \boxed{4}$
$10 - 7 = \boxed{3}$
$10 - 8 = \boxed{2}$
$10 - 9 = \boxed{1}$

엄청 빨리

비장의 무기

계산기

바로 들킴

우리 차라리 다른 놀이 할까?

응, 관자놀이

마음의 꿀팁

10이 되는 더하기는 매우 중요해. 천천히 보면서 원리를 발견하자.
또 덧셈을 뺄셈으로 바꿀 수 있는 거 기억해? 덧셈식을 보고 뺄셈식으로 한 번 생각해 봐.
예를 들어 9+1=10이면 10-1=9겠지?

10이 되는 더하기

10 모으기와 가르기를 했던 기억을 떠올려서 계산해 봐!
10이 되는 더하기는 중요하니까 꼭 알고 넘어가자.

💬 그림을 잘 보고 ●를 알맞게 그리고 빈칸에 알맞은 수를 써넣으세요.

예시
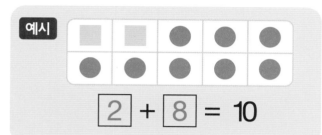

$\boxed{2}$ + $\boxed{8}$ = 10

①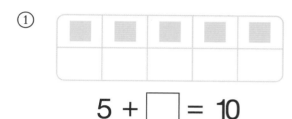

5 + $\square$ = 10

②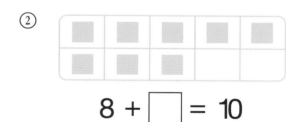

8 + $\square$ = 10

③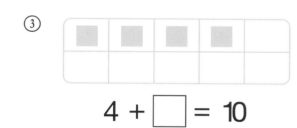

4 + $\square$ = 10

④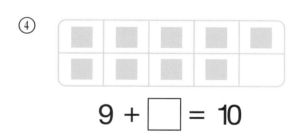

9 + $\square$ = 10

⑤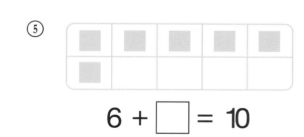

6 + $\square$ = 10

⑥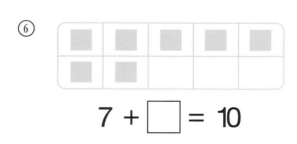

7 + $\square$ = 10

⑦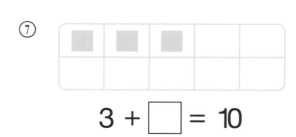

3 + $\square$ = 10

10에서 빼 보기

뺄셈식을 보고 그림을 알맞게 그린 후 계산하세요.

예시

10 - 3 = 7

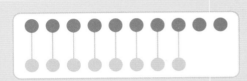

10 - 8 = 2

①

10 - 7 =

②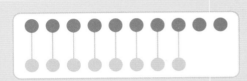

10 - 2 =

③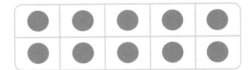

10 - 4 =

④

10 - 9 =

⑤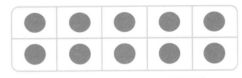

10 - 6 =

⑥

10 - 1 =

⑦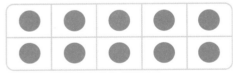

10 - 8 =

⑧

10 - 7 =

앞의 두 수로
10을 만들어 더하기

세 수의 덧셈을 풀 때 앞의 두 수로
10을 만들어 더하면 좋아. 주어진 세 수를 잘 보고
두 수의 합이 10이 될 수 있는지 확인해 봐.

💬 빈칸에 알맞은 수를 써넣으세요.

① $8 + 2 + 1 = \boxed{}$

② $4 + 6 + 8 = \boxed{}$

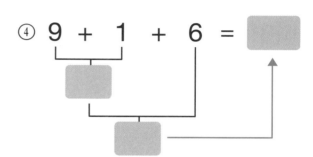

③ $6 + 4 + 3 = \boxed{}$

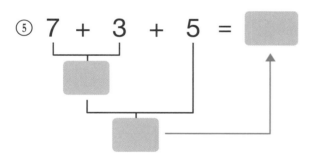

④ $9 + 1 + 6 = \boxed{}$

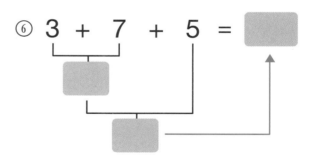

⑤ $7 + 3 + 5 = \boxed{}$

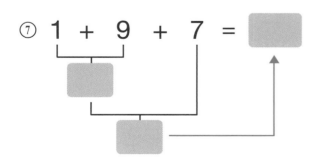

⑥ $3 + 7 + 5 = \boxed{}$

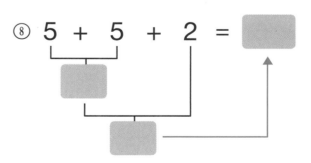

⑦ $1 + 9 + 7 = \boxed{}$

⑧ $5 + 5 + 2 = \boxed{}$

앞의 두 수로
10을 만들어 더하기

빈칸에 알맞은 수를 써넣으세요.

① 4 + 6 + 3 =

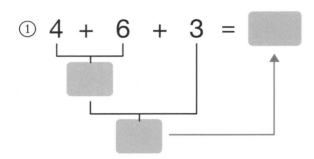

② 5 + 5 + 6 =

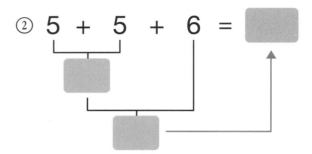

③ 8 + 2 + 4 =

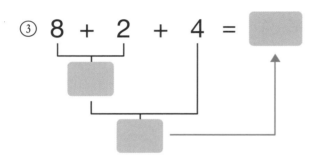

④ 3 + 7 + 1 =

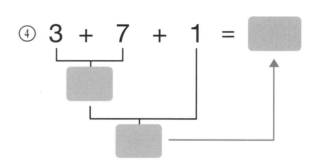

⑤ 1 + 9 + 2 =

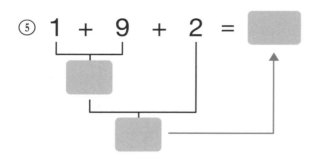

⑥ 2 + 8 + 7 =

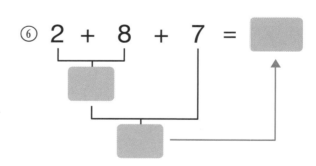

⑦ 6 + 4 + 9 =

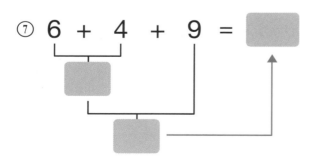

⑧ 7 + 3 + 6 =

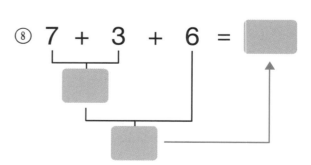

**뒤의 두 수로
10을 만들어 더하기**

세 수의 덧셈은 더하는 순서에 상관없이 답이 똑같아.
이번에는 뒤에 있는 두 수를 먼저 더해서 계산해 보자.

💬 덧셈식을 계산하세요.

① 4 + 8 + 2 = ☐

② 7 + 5 + 5 = ☐

③ 6 + 9 + 1 = ☐

④ 6 + 1 + 9 = ☐

⑤ 9 + 2 + 8 = ☐

⑥ 4 + 7 + 3 = ☐

⑦ 3 + 4 + 6 = ☐

⑧ 3 + 6 + 4 = ☐

뒤의 두 수로
10을 만들어 더하기

덧셈식을 계산하세요.

① 3 + 2 + 8 = ☐

② 5 + 6 + 4 = ☐
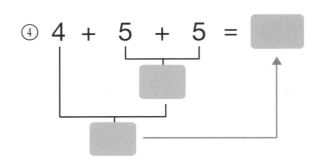

③ 9 + 9 + 1 = ☐

④ 4 + 5 + 5 = ☐
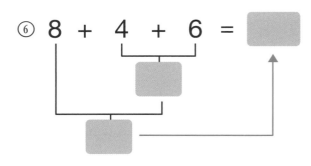

⑤ 2 + 3 + 7 = ☐
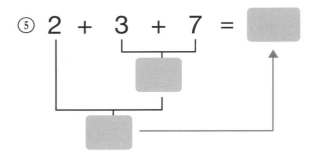

⑥ 8 + 4 + 6 = ☐

⑦ 5 + 1 + 9 = ☐

⑧ 7 + 8 + 2 = ☐
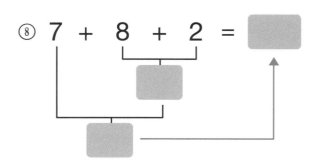

식 완성하기

계산하기 전에 주어진 식을 보고
두 수의 합이 10이 되려면
얼마가 필요한지를 생각하고 풀어 보자.

보기와 같이 <u>밑줄 친 두 수의 합이 10이 되도록</u> 빈칸에 수를 써넣고 식을 완성해 보세요.

예시   4 + <u>3</u> + [7] = [14]

① [ ] + <u>5</u> + 4 = [ ]

② 2 + <u>5</u> + [ ] = [ ]

③ 3 + <u>3</u> + [ ] = [ ]

④ [ ] + <u>3</u> + 3 = [ ]

⑤ [ ] + <u>3</u> + 6 = [ ]

⑥ 6 + <u>3</u> + [ ] = [ ]

⑦ 1 + <u>9</u> + [ ] = [ ]

⑧ [ ] + <u>8</u> + 1 = [ ]

⑨ [ ] + <u>6</u> + 5 = [ ]

⑩ <u>3</u> + 4 + [ ] = [ ]

식 완성하기

보기와 같이 밑줄 친 두 수의 합이 10이 되도록 빈칸에 수를 써넣고 식을 완성해 보세요.

예시 $2 + \underline{6} + \boxed{4} = \boxed{12}$

① $\boxed{} + \underline{6} + 3 = \boxed{}$

② $3 + \underline{6} + \boxed{} = \boxed{}$

③ $7 + \underline{3} + \boxed{} = \boxed{}$

④ $\boxed{} + \underline{7} + 3 = \boxed{}$

⑤ $\boxed{} + \underline{8} + 5 = \boxed{}$

⑥ $5 + \underline{8} + \boxed{} = \boxed{}$

⑦ $4 + \underline{5} + \boxed{} = \boxed{}$

⑧ $\boxed{} + \underline{7} + 2 = \boxed{}$

⑨ $\boxed{} + 4 + \underline{8} = \boxed{}$

⑩ $\underline{3} + 9 + \boxed{} = \boxed{}$

5 DAY

A

수 카드로 덧셈식 완성하기

주어진 하나의 수와 더해서
10이 될 수 있는 수 카드를 찾아 봐!
그러면 나머지 숫자 카드 한 장도 쉽게 찾을 수 있어.

💬 수 카드 4개 중 알맞은 두 장의 카드를 골라서 덧셈식을 완성하세요.

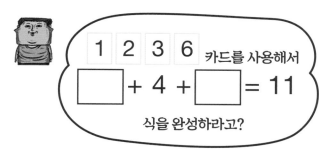

| 1 | 2 | 3 | 6 | 카드를 사용해서

☐ + 4 + ☐ = 11

식을 완성하라고?

두 수를 더해서
10을 만들면 계산이 쉬워.
4와 더해서 10이 되는
수가 있어?

응! 6이 있네. 식에 6을 넣으면,

6 + 4 + 1 = 11

나머지 ☐안에 들어갈 숫자는 1이네!
정말 10을 먼저 만들면 쉽구나.

수 카드	덧셈식
3, 9, 4, 6	☐ + 7 + ☐ = 16
3, 1, 7, 6	☐ + 4 + ☐ = 13
3, 5, 1, 6	☐ + 5 + ☐ = 11
6, 3, 4, 2	☐ + 8 + ☐ = 14
1, 5, 8, 6	☐ + 2 + ☐ = 15
1, 5, 4, 7	☐ + 9 + ☐ = 17
7, 3, 4, 2	☐ + 3 + ☐ = 12

수 카드로 덧셈식 완성하기

수 카드 4개 중 알맞은 두 장의 카드를 골라서 덧셈식을 완성하세요.

수 카드	덧셈식
5, 1, 2, 7	☐ + 9 + ☐ = 12
3, 8, 4, 6	☐ + 6 + ☐ = 18
2, 7, 1, 3	☐ + 8 + ☐ = 11
6, 9, 4, 7	☐ + 3 + ☐ = 14
3, 5, 1, 6	☐ + 5 + ☐ = 16
8, 1, 5, 2	☐ + 2 + ☐ = 12
7, 3, 6, 5	☐ + 7 + ☐ = 16
6, 3, 9, 5	☐ + 4 + ☐ = 15

피자와 과자를 좋아하는
석이를 위해서
특별한 피자와 과자를
만들어야겠다.

뭐지…
빈칸에 들어갈 수를 적어야
피자와 과자를
먹을 수 있다니….

● 피자에 있는 빈칸을 채우세요.

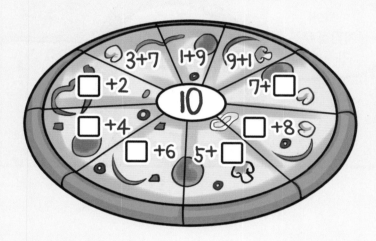

● 석이가 먹을 수 있는 과자는 총 몇 개인가요?

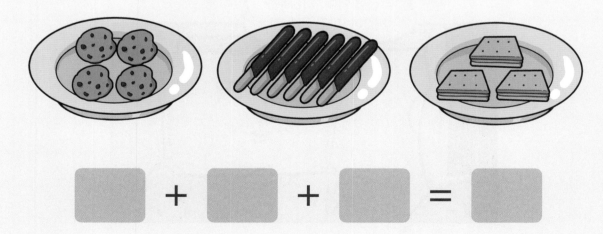

07. 내 치킨은 어디에?

오늘 우리의 중요한 계획…

쿠폰 합쳐서 치킨 시키기!

〈석이가 모은 쿠폰〉

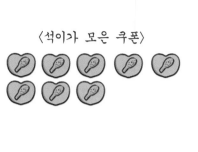

〈애봉이가 모은 쿠폰〉

신 중

으음… 내가
8개 모았고

네가 7개
모았으니까…

8부터 이어서 세면,
9, 10, 11, 12…

13, 14, 15…!

오옷!?
이어 세기 했더니
15개인데!?

애봉이 너도
한 번 세어 봐!

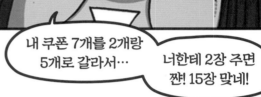

$$8 + 7 = \boxed{15}$$
$$2 \quad 5$$

$$8 + 7 = \boxed{15}$$
$$3 \quad 5 \quad 5 \quad 2$$

$$8 + 7 = \boxed{15}$$
$$5 \quad 3$$

20분 뒤…

저기요, 치킨이 왜 저 모양이죠?

먹다 보니 정말 말이 안 나옴

……!

……!

요즘 인기 있는 왕 매운 치킨! 잘 시켰지?

먹다 보면 맛있어서 말이 안 나온다니까? 먹어 봐!

매워어어!!!!

쿠폰은 내가 가장 열심히 모았는데

냠냠

와, 정말 맵긴 한데 맛있네! 석아, 넌 안 먹어?

냠냠

거 봐, 역시 매운 치킨이 최고야!

왜 나만…?

마음의 꿀팁

두 수의 합이 10이 되는 걸 배운 기억 나?
이걸 이용해서 덧셈식을 계산해 보자.
두 수의 합을 10으로 만들면
덧셈을 쉽게 할 수 있으니까 계산하기 좋겠지?

**10을 이용한
모으기와 가르기**

아래 예시를 보자. 8+6을 할 때 8개의 네모에
6개의 세모 중 2개의 세모를 더하면 10이 되지?
10에다가 남은 세모 4개를 더하면 14가 나와.

💬 ■와 ▲를 이용해서 10을 만들고 모으기와 가르기를 해 보세요.

 예시

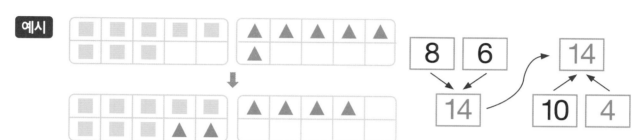

①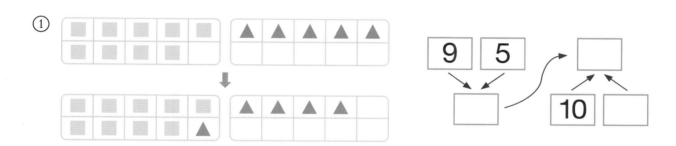

②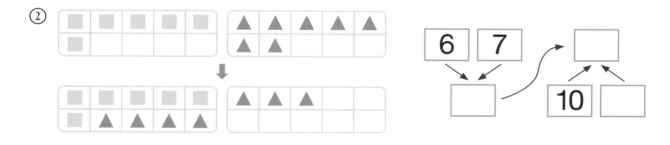

③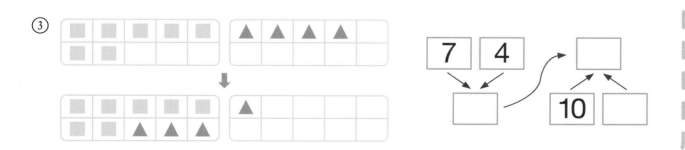

10을 이용한 모으기와 가르기

■와 ▲를 이용해서 먼저 10을 만들고 모으기와 가르기를 해 보세요.

①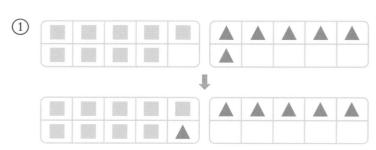

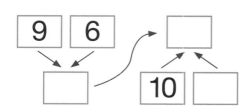

②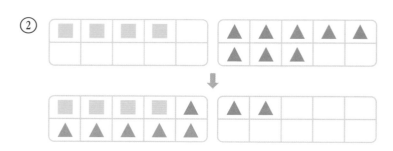

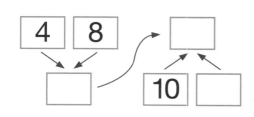

③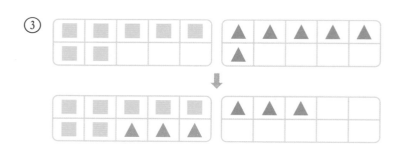

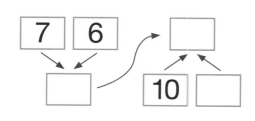

④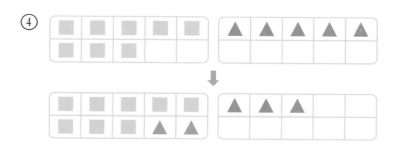

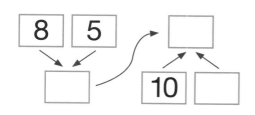

수 모형을 이용한
10 만들기

몇+몇을 계산할 때
먼저 10을 만들고 계산하면 편해.
10의 모으기와 가르기를 배웠던 기억을 떠올려 봐.

💬 그림을 보고 빈칸에 알맞은 블록을 그리고 수를 써넣으세요.

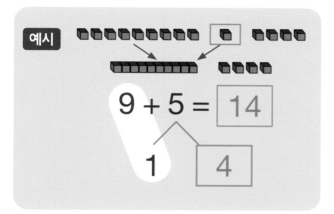

예시

$$9 + 5 = \boxed{14}$$

1   4

①
$$6 + 8 = \boxed{}$$

4

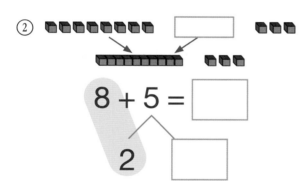

②
$$8 + 5 = \boxed{}$$

2

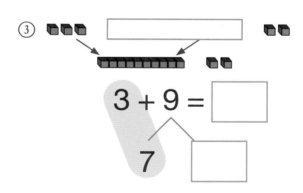

③
$$3 + 9 = \boxed{}$$

7

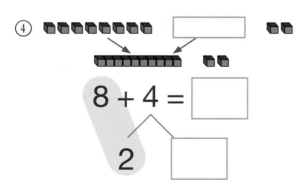

④
$$8 + 4 = \boxed{}$$

2

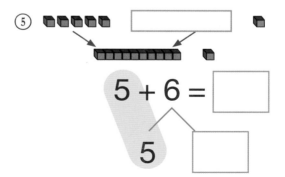

⑤
$$5 + 6 = \boxed{}$$

5

그림을 보고 빈칸에 알맞은 블록을 그리고 수를 써넣으세요.

①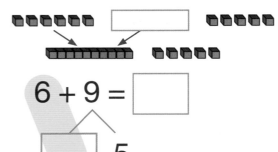

$$6 + 9 = \boxed{}$$

5

②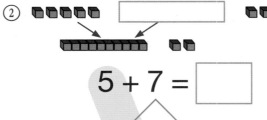

$$5 + 7 = \boxed{}$$

2

③

$$8 + 6 = \boxed{}$$

4

④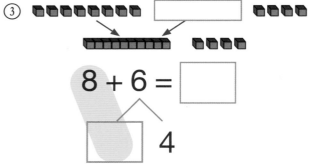

$$4 + 8 = \boxed{}$$

2

⑤

$$7 + 6 = \boxed{}$$

3

⑥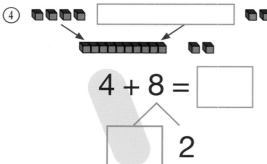

$$5 + 8 = \boxed{}$$

3

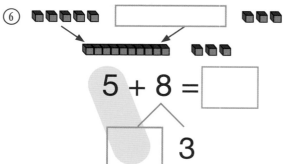

3 DAY

A

가르기를 이용한 10 만들기

두 수의 합이 10이 되는 더하기가 또 나왔지?
주어진 수에 어떤 수를 더해야 10이 될지
한 번 생각해 봐. 너라면 할 수 있어!

🗨 색칠한 부분의 합이 10이 될 수 있게 수를 가르기 한 후 계산하세요.

① 6 + 8 = ☐
4 ☐

② 5 + 9 = ☐
4 ☐

③ 7 + 5 = ☐
2 ☐

④ 6 + 7 = ☐
3 ☐

⑤ 4 + 8 = ☐
2 ☐

⑥ 9 + 6 = ☐
5 ☐

⑦ 3 + 8 = ☐
1 ☐

⑧ 8 + 8 = ☐
6 ☐

가르기를 이용한
10 만들기

색칠한 부분의 합이 10이 될 수 있게 수를 가르기 한 후 계산하세요.

① 7 + 6 = ☐
3

② 8 + 7 = ☐
5

③ 5 + 8 = ☐
3

④ 6 + 5 = ☐
1

⑤ 8 + 4 = ☐
2

⑥ 6 + 9 = ☐
5

⑦ 7 + 8 = ☐
5

⑧ 4 + 9 = ☐
3

4 DAY

A

(몇)+(몇)=(십몇) 계산하기

두 수의 함을 구할 때 다양한 계산 방법을 떠올려가면서 풀어 봐. 10을 만들기, 수직선, 그림 그리기 등 다양한 방법을 통해서 계산해 보는 건 어때?

 덧셈을 하세요.

① 5 + 8 = _____

② 8 + 5 = _____

③ 6 + 8 = _____

④ 8 + 6 = _____

⑤ 7 + 7 = _____

⑥ 8 + 8 = _____

⑦ 9 + 2 = _____

⑧ 5 + 5 = _____

⑨ 3 + 9 = _____

⑩ 2 + 9 = _____

⑪ 4 + 8 = _____

⑫ 8 + 4 = _____

⑬ 8 + 7 = _____

⑭ 5 + 7 = _____

⑮ 9 + 3 = _____

⑯ 6 + 7 = _____

⑰ 9 + 6 = _____

⑱ 7 + 4 = _____

⑲ 4 + 9 = _____

⑳ 6 + 6 = _____

㉑ 9 + 8 = _____

(몇)+(몇)=(십몇) 계산하기

💬 덧셈을 하세요.

① 9 + 3 = ____

② 8 + 7 = ____

③ 9 + 9 = ____

④ 3 + 8 = ____

⑤ 7 + 9 = ____

⑥ 4 + 8 = ____

⑦ 8 + 6 = ____

⑧ 6 + 5 = ____

⑨ 5 + 9 = ____

⑩ 8 + 3 = ____

⑪ 9 + 8 = ____

⑫ 4 + 7 = ____

⑬ 7 + 6 = ____

⑭ 8 + 4 = ____

⑮ 5 + 6 = ____

⑯ 6 + 6 = ____

⑰ 6 + 9 = ____

⑱ 6 + 7 = ____

⑲ 9 + 2 = ____

⑳ 9 + 5 = ____

㉑ 7 + 5 = ____

덧셈을 계산하고 규칙 찾기

하나씩 차근차근 계산하면 너도 모르게 규칙을 발견할 수 있을 거야. 더하는 수가 1씩 커지면 계산한 값도 1씩 커져. 더하는 수가 2씩 커지면 얼마씩 커질까?

💬 표를 잘 보고 빈칸에 알맞은 수를 써넣으세요.

예시

+	3	4	5	6	7
8	11	12	13	14	15

①

+	5	6	7	8	9
4					

②

+	5	6	7	8	9
5					

③

+	2	4	6	8
5				

④

+	3	5	7	9
6				

⑤

+	2	4	6	8
4				

⑥

+	3	5	7	9
5				

⑦

+	3	4	5	6
7				

덧셈을
계산하고 규칙 찾기

표를 잘 보고 빈칸에 알맞은 수를 써넣으세요.

①

+	5	6	7	8	9
3					

②

+	5	6	7	8	9
6					

③

+	2	3	4	5	6
7					

④

+	3	4	5	6
5				

⑤

+	3	5	7	9
8				

⑥

+	3	5	7	9
4				

⑦

+	5	6	7	8
8				

⑧

+	9	7	5	3
4				

석이와 애봉이가 꺼낸 공에 적힌 두 수의 합이 크면 이기는 놀이를 하고 있습니다.
어떤 수의 공을 꺼내야 애봉이가 이길까요?

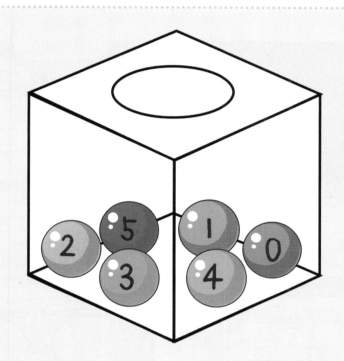

내가 갖고 있는 공에 적힌
두 수를 더하면 얼마지?

좋았어!
첫 번째 공은 9가 나왔어.
이제 두 번째 공이 몇이 나오면
이길 수 있을까?

⑥ + ⑦ = ☐

두 번째 공의 번호 : ☐

08. 제가 먹은 게 아니에요

이가 너무 아파서 치과에 갔다.

너무 많아서 일단 4개만 치료 받았다.

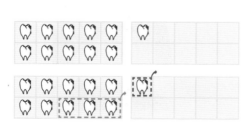

다음 날

아닙니다.

제가 먹은 게 아니에요.

아닙니다.

진짜 제가 먹은 게 아니에요.

마음의
꿀팁

15-6을 계산할 때 15를 10과 5로 가르기하고 10에서 6을 빼면 4가 되지?
이제 남은 수 5와 4를 더하면 답은 9가 돼.
10 모으기와 가르기는 덧셈과 뺄셈 문제를 해결할 때 사용되니까 열심히 연습해야 해.

그림을 보고
(십몇)-(몇) 계산하기

주어진 그림을 보고 전체에서 몇 개를 빼야 하는지
확인하고, 빼고 나서 몇 개 남았는지 세면 돼.

💬 그림을 보고 빈칸에 들어갈 수를 쓰시오.

예시

11의 일의 자리가
1이기 때문에 4를 1과 3으로
가르기 하는 게 좋아.

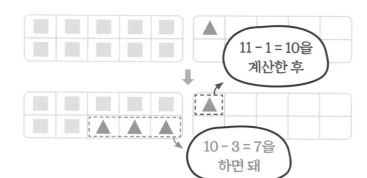

11 - 1 = 10을
계산한 후

10 - 3 = 7을
하면 돼

$$11 - 4 = \boxed{7}$$

1   3

---

① 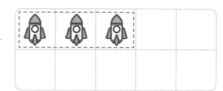 $13 - 4 = \square$

$\square$ 1

② 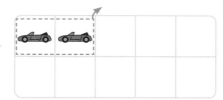 $12 - 3 = \square$

$\square$ 1

③  $14 - 6 = \square$

$\square$ 2

④ 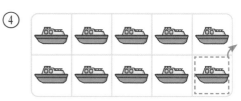 $15 - 6 = \square$

$\square$ 1

그림을 보고
(십몇)-(몇) 계산하기

그림을 보고 빈칸에 들어갈 수를 쓰시오.

①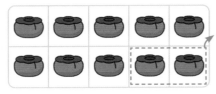

$17 - 9 = \boxed{}$

$\boxed{} \quad 2$

②

$13 - 6 = \boxed{}$

$\boxed{} \quad 3$

③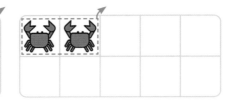

$12 - 9 = \boxed{}$

$\boxed{} \quad 7$

④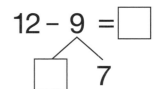

$14 - 7 = \boxed{}$

$\boxed{} \quad 3$

⑤

$13 - 8 = \boxed{}$

$\boxed{} \quad 5$

⑥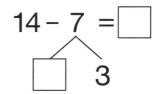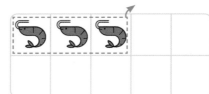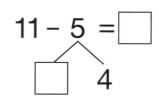

$11 - 5 = \boxed{}$

$\boxed{} \quad 4$

가르기를 이용해 뺄셈하기(1)

두 자리 수 - 한 자리 수는 한 자리 수를 가르기 해서
두 자리 수를 10으로 만들고 계산하면 좋아.

 뺄셈을 해 봅시다.

① 12 – 7 = ☐

5

② 15 – 6 = ☐

1

③ 14 – 8 = ☐

4

④ 16 – 8 = ☐

2

⑤ 13 – 5 = ☐

2

⑥ 17 – 9 = ☐

2

⑦ 13 – 8 = ☐

5

⑧ 11 – 4 = ☐

3

⑨ 14 – 6 = ☐

2

⑩ 12 – 9 = ☐

7

가르기를 이용한 뺄셈하기(1)

 뺄셈을 계산해 보세요.

① 12 − 6 = ☐
4

② 18 − 9 = ☐
1

③ 13 − 6 = ☐
3

④ 11 − 7 = ☐
6

⑤ 14 − 7 = ☐
3

⑥ 15 − 9 = ☐
4

⑦ 17 − 8 = ☐
1

⑧ 16 − 9 = ☐
3

⑨ 12 − 4 = ☐
2

⑩ 15 − 7 = ☐
2

가르기를 이용한 뺄셈하기(2)

두 자리 수를 10과 한 자리 수로 가르기 해 봐.
그러면 우리가 공부했던 10 - (한 자리 수)를 이용해서
계산할 수 있어.

 뺄셈을 계산해 보세요.

예시 $14 - 9 = \boxed{5}$

       10   4

10에서 9를 빼면 1이 남지.

1과 남은 수 4를 더하면 5가 답이야.

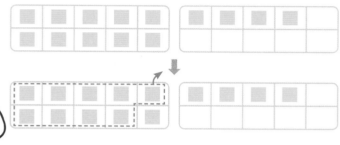

① $15 - 7 = \boxed{}$

    10 $\boxed{}$

② $15 - 6 = \boxed{}$

    10 $\boxed{}$

③ $17 - 8 = \boxed{}$

    10 $\boxed{}$

④ $12 - 3 = \boxed{}$

    10 $\boxed{}$

⑤ $16 - 9 = \boxed{}$

    10 $\boxed{}$

⑥ $11 - 5 = \boxed{}$

    10 $\boxed{}$

⑦ $18 - 9 = \boxed{}$

    10 $\boxed{}$

⑧ $13 - 6 = \boxed{}$

    10 $\boxed{}$

가르기를 이용한 뺄셈하기(2)

 뺄셈을 계산해 보세요.

① 13 − 5 = ☐

10 ☐

② 14 − 9 = ☐

10 ☐

③ 11 − 6 = ☐

10 ☐

④ 12 − 7 = ☐

10 ☐

⑤ 13 − 8 = ☐

10 ☐

⑥ 16 − 7 = ☐

10 ☐

⑦ 15 − 8 = ☐

10 ☐

⑧ 11 − 3 = ☐

10 ☐

⑨ 14 − 6 = ☐

10 ☐

⑩ 16 − 8 = ☐

10 ☐

뺄셈식 계산하고 규칙 찾기

뺄셈을 계산하면서 규칙을 발견해 보자!
계산하기 전에 뺄셈식을 보고
어떤 규칙이 있을지 생각해 봐.

● 뺄셈을 계산해 보세요.

①

$14 - 5 = \boxed{}$

$14 - 6 = \boxed{}$

$14 - 7 = \boxed{}$

$14 - 8 = \boxed{}$

②

$12 - 5 = \boxed{}$

$13 - 6 = \boxed{}$

$14 - 7 = \boxed{}$

$15 - 8 = \boxed{}$

③

$12 - 8 = \boxed{}$

$12 - 7 = \boxed{}$

$12 - 6 = \boxed{}$

$12 - 5 = \boxed{}$

④

$15 - 6 = \boxed{}$

$16 - 7 = \boxed{}$

$17 - 8 = \boxed{}$

$18 - 9 = \boxed{}$

⑤

$13 - 6 = \boxed{}$

$14 - 6 = \boxed{}$

$15 - 6 = \boxed{}$

$16 - 6 = \boxed{}$

⑥

$11 - 9 = \boxed{}$

$12 - 9 = \boxed{}$

$13 - 9 = \boxed{}$

$14 - 9 = \boxed{}$

빨셈식 계산하고 규칙 찾기

 빨셈을 계산해 보세요.

①

13 - 6 = ☐

13 - 7 = ☐

13 - 8 = ☐

13 - 9 = ☐

②

14 - 8 = ☐

15 - 8 = ☐

16 - 8 = ☐

17 - 8 = ☐

③

18 - 9 = ☐

17 - 9 = ☐

16 - 9 = ☐

15 - 9 = ☐

④

14 - 6 = ☐

15 - 7 = ☐

16 - 8 = ☐

17 - 9 = ☐

⑤

11 - 7 = ☐

12 - 7 = ☐

13 - 7 = ☐

14 - 7 = ☐

⑥

15 - 5 = ☐

15 - 6 = ☐

15 - 7 = ☐

15 - 8 = ☐

(십몇)-(몇) 계산하기

이 문제를 계산하고 난 후 규칙을 찾아보자!
뺄셈 결과가 9,8,7,6,5,4,3,2가 나오는 식을 선으로
그려 보면 규칙을 발견할 수 있어.

 뺄셈을 계산해 보세요.

11 − 2 =9	11 − 3 =	11 − 4 =	11 − 5 =	11 − 6 =	11 − 7 =	11 − 8 =	11 − 9 =
	12 − 3 =9	12 − 4 =	12 − 5 =	12 − 6 =	12 − 7 =	12 − 8 =	12 − 9 =
		13 − 4 =9	13 − 5 =	13 − 6 =	13 − 7 =	13 − 8 =	13 − 9 =
			14 − 5 =9	14 − 6 =	14 − 7 =	14 − 8 =	14 − 9 =
				15 − 6 =9	15 − 7 =	15 − 8 =	15 − 9 =
					16 − 7 =9	16 − 8 =	16 − 9 =
						17 − 8 =9	17 − 9 =
							18 − 9 =9

(십몇)-(몇) 계산하기

🗨 뺄셈을 계산하세요.

18 - 9 = 9							
17 - 9 =	17 - 8 = 9						
16 - 9 =	16 - 8 =	16 - 7 = 9					
15 - 9 =	15 - 8 =	15 - 7 =	15 - 6 = 9				
14 - 9 =	14 - 8 =	14 - 7 =	14 - 6 =	14 - 5 = 9			
13 - 9 =	13 - 8 =	13 - 7 =	13 - 6 =	13 - 5 =	13 - 4 = 9		
12 - 9 =	12 - 8 =	12 - 7 =	12 - 6 =	12 - 5 =	12 - 4 =	12 - 3 = 9	
11 - 9 =	11 - 8 =	11 - 7 =	11 - 6 =	11 - 5 =	11 - 4 =	11 - 3 =	11 - 2 = 9

그림을 잘 보고 ○안에 알맞은 수를 써 봅시다.

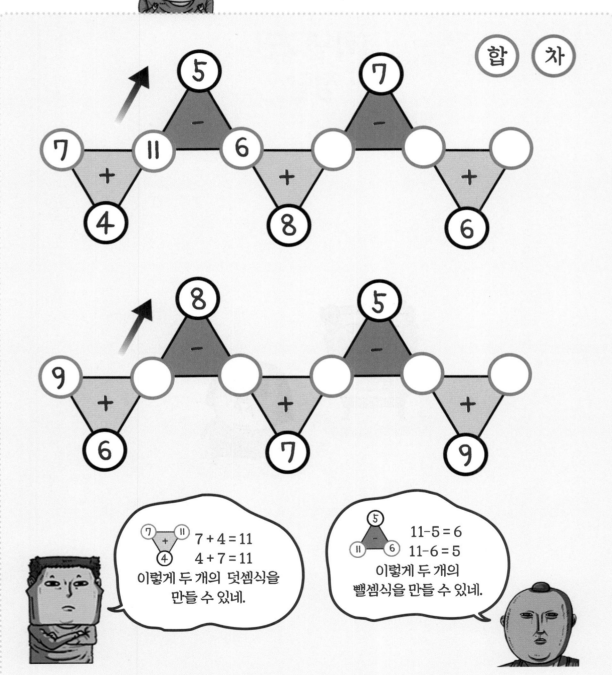

1학년 2권
- 정답 -

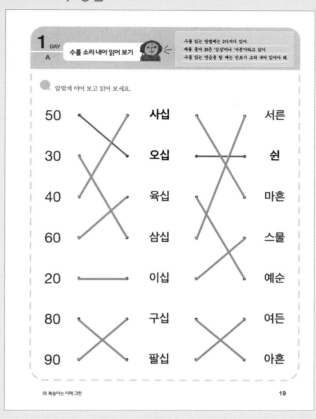

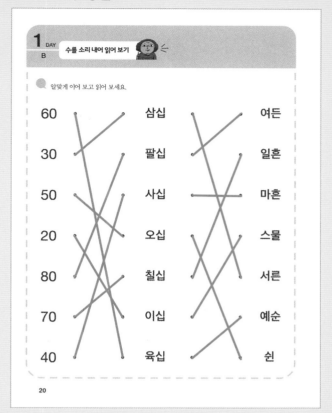

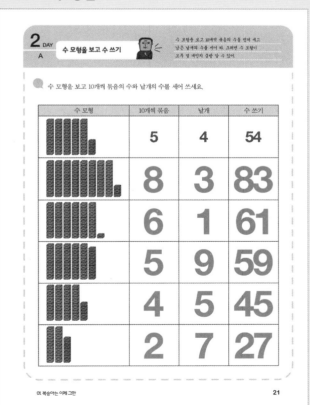

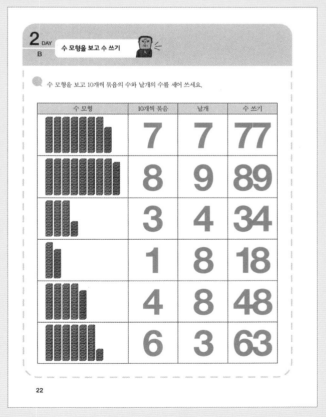

>> 23쪽 정답

>> 24쪽 정답

>> 25쪽 정답

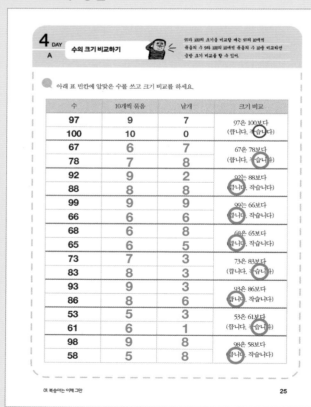

>> 26쪽 정답

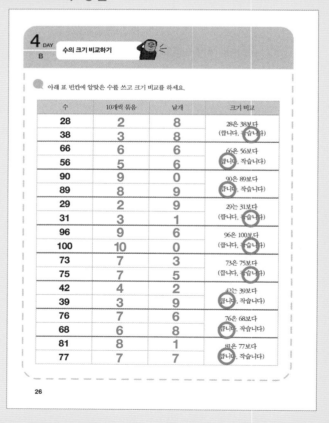

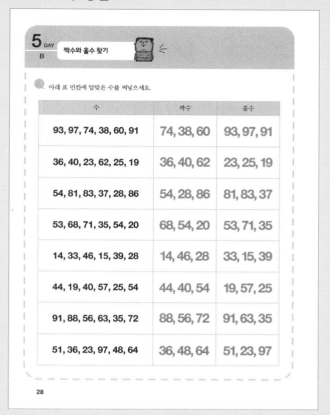

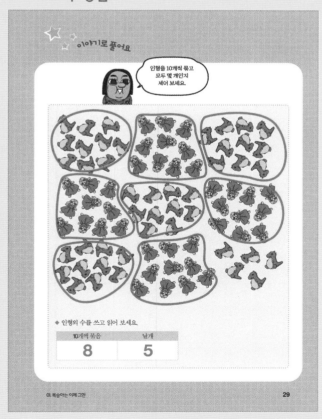

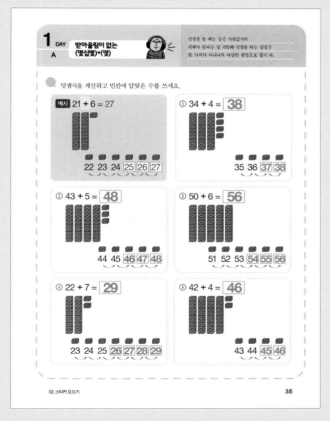

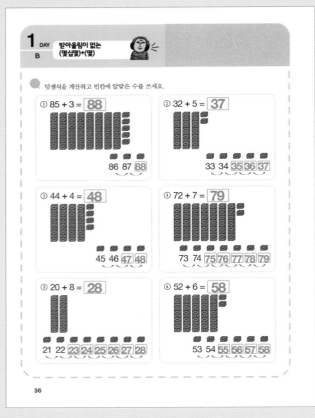

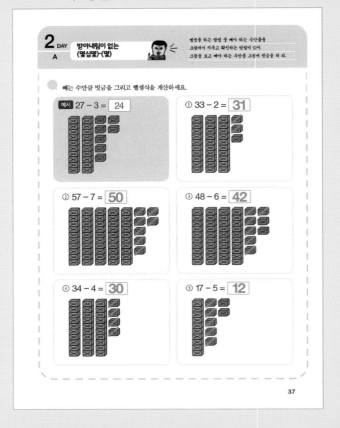

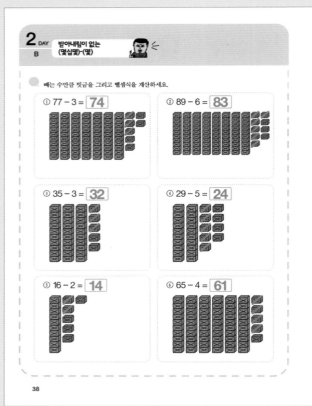

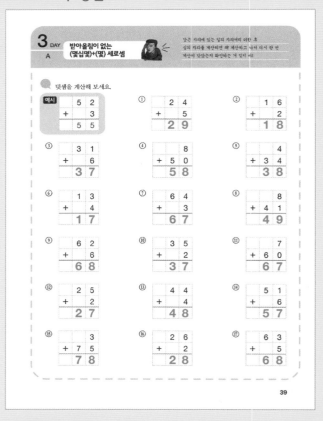

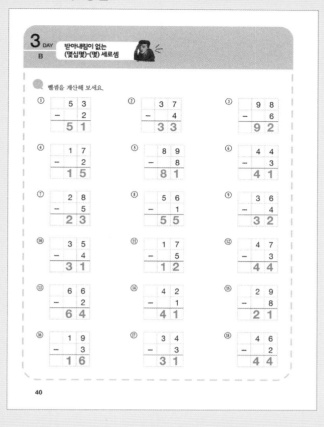

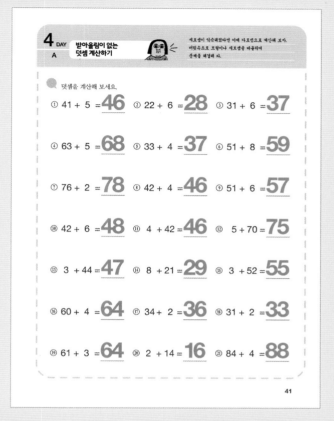

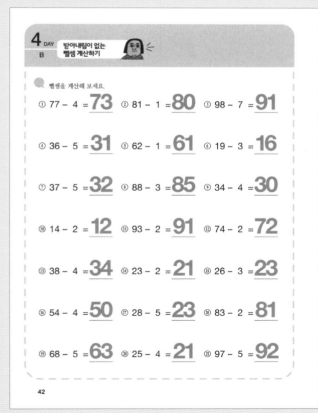

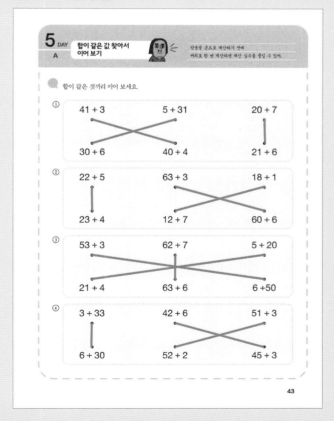

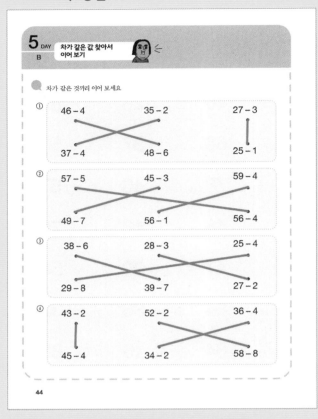

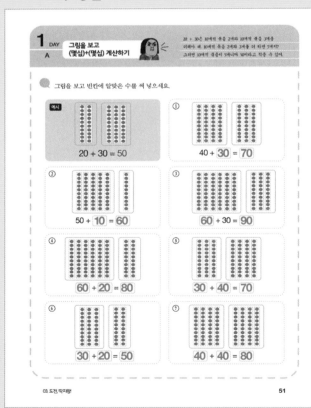

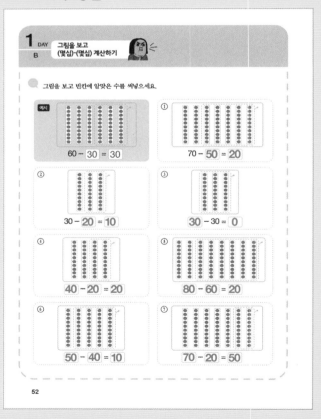

2 DAY A (몇십)+(몇십)
세로셈 계산하기

덧셈을 계산해 보세요.

① 20 + 20 = **4 0**
② 30 + 40 = **7 0**
③ 50 + 30 = **8 0**
④ 10 + 70 = **8 0**
⑤ 30 + 10 = **4 0**
⑥ 10 + 30 = **4 0**
⑦ 20 + 60 = **8 0**
⑧ 50 + 40 = **9 0**
⑨ 10 + 40 = **5 0**
⑩ 50 + 20 = **7 0**
⑪ 10 + 80 = **9 0**
⑫ 80 + 10 = **9 0**
⑬ 30 + 30 = **6 0**
⑭ 40 + 40 = **8 0**
⑮ 20 + 30 = **5 0**

03. 도전 딱지왕!   53

2 DAY B (몇십)-(몇십)
세로셈 계산하기

뺄셈을 계산해 보세요.

① 50 - 20 = **3 0**
② 80 - 60 = **2 0**
③ 30 - 20 = **1 0**
④ 70 - 60 = **1 0**
⑤ 60 - 20 = **4 0**
⑥ 40 - 20 = **2 0**
⑦ 90 - 50 = **4 0**
⑧ 20 - 10 = **1 0**
⑨ 90 - 20 = **7 0**
⑩ 50 - 20 = **6 0**
⑪ 50 - 10 = **4 0**
⑫ 70 - 30 = **4 0**
⑬ 30 - 10 = **2 0**
⑭ 60 - 50 = **1 0**
⑮ 80 - 30 = **5 0**

54

3 DAY A 덧셈식 만들기

여러 장의 카드 중 두 수를 골라 주어진 합이 되도록 덧셈식을 써 보세요.

카드	덧셈식
20, 30, 10, 50, 60	10 + 50 = 60 50 + 10
20, 40, 50, 60, 70	20 + 50 = 70 50 + 20
10, 20, 30, 40, 60	20 + 60 = 80 60 + 20
30, 40, 10, 20, 70	20 + 70 = 90 70 + 20
10, 30, 40, 80, 90	10 + 40 = 50 40 + 10
60, 30, 50, 80, 90	60 + 30 = 90 30 + 60

03. 도전 딱지왕!   55

3 DAY B 뺄셈식 만들기

여러 장의 카드 중 두 수를 골라 주어진 차가 되도록 뺄셈식을 써 보세요.

카드	뺄셈식
30, 20, 70, 50, 10	70 - 20 = 50
10, 40, 20, 50, 90	40 - 20 = 20
10, 20, 80, 70, 60	80 - 60 = 20
80, 10, 70, 50, 30	80 - 50 = 30
30, 20, 90, 50, 40	90 - 40 = 50
30, 90, 40, 50, 60	90 - 50 = 40

56

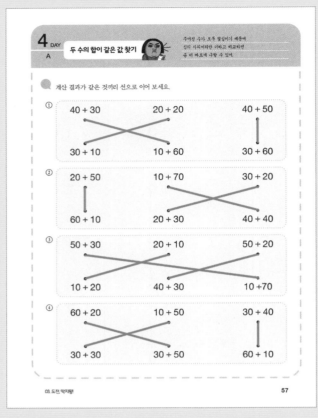

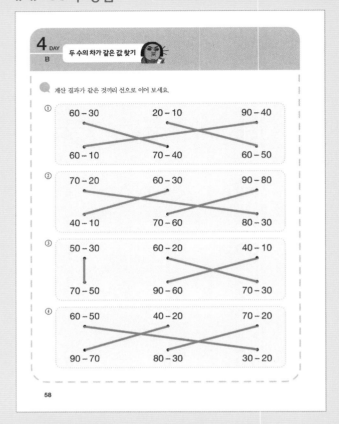

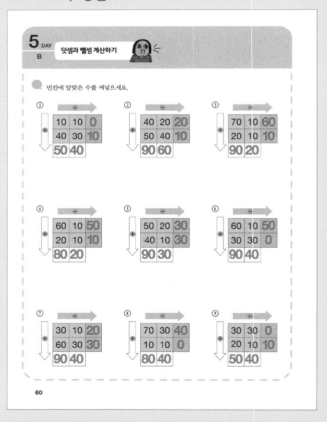

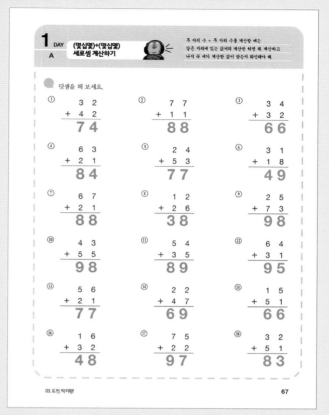

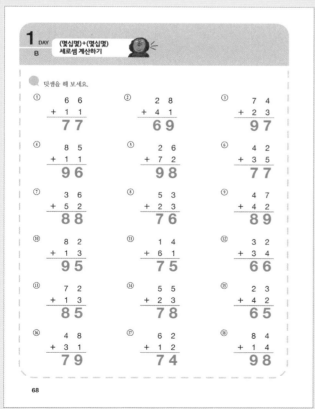

2 DAY (몇십몇)-(몇십몇)
A 세로셈 계산하기

세로셈은 일의 자리는 일의 자리끼리,
십의 자리는 십의 자리끼리 맞추어 쓰지?
계산할 때도 똑같다는 거 잊지 마!

뺄셈을 해 보세요.

① 68 - 22 = 46
② 71 - 51 = 20
③ 99 - 42 = 57
④ 68 - 53 = 15
⑤ 65 - 13 = 52
⑥ 39 - 25 = 14
⑦ 54 - 41 = 13
⑧ 57 - 23 = 34
⑨ 48 - 23 = 25
⑩ 46 - 23 = 23
⑪ 25 - 12 = 13
⑫ 89 - 44 = 45
⑬ 34 - 11 = 23
⑭ 94 - 52 = 42
⑮ 89 - 63 = 26
⑯ 47 - 25 = 22
⑰ 58 - 35 = 23
⑱ 63 - 31 = 32

03. 도전 딱지왕!   69

≫≫ 70쪽 정답

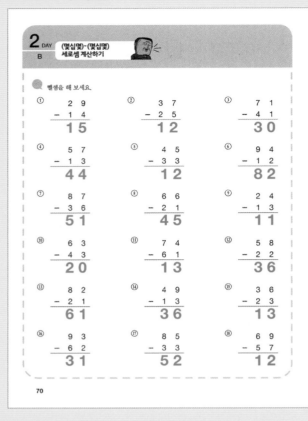

2 DAY B (몇십몇)-(몇십몇) 세로셈 계산하기

뺄셈을 해 보세요

① 29 − 14 = **15** ② 37 − 25 = **12** ③ 71 − 41 = **30**

④ 57 − 13 = **44** ⑤ 45 − 33 = **12** ⑥ 94 − 12 = **82**

⑦ 87 − 36 = **51** ⑧ 66 − 21 = **45** ⑨ 24 − 13 = **11**

⑩ 63 − 43 = **20** ⑪ 74 − 61 = **13** ⑫ 58 − 22 = **36**

⑬ 82 − 21 = **61** ⑭ 49 − 13 = **36** ⑮ 36 − 23 = **13**

⑯ 93 − 62 = **31** ⑰ 85 − 33 = **52** ⑱ 69 − 57 = **12**

70

≫≫ 71쪽 정답

3 DAY A 가로셈 계산하기

계산해 보세요

① 58 − 34 = **24** ② 45 + 12 = **57** ③ 52 + 41 = **93**

④ 77 − 64 = **13** ⑤ 86 − 34 = **52** ⑥ 64 + 22 = **86**

⑦ 89 − 18 = **71** ⑧ 49 − 22 = **27** ⑨ 75 + 21 = **96**

⑩ 95 − 82 = **13** ⑪ 28 + 11 = **39** ⑫ 58 − 32 = **26**

⑬ 56 + 23 = **79** ⑭ 34 − 31 = **3** ⑮ 79 − 26 = **53**

⑯ 35 + 22 = **57** ⑰ 68 − 56 = **12** ⑱ 45 + 22 = **67**

⑲ 27 + 11 = **38** ⑳ 98 − 27 = **71** ㉑ 64 − 32 = **32**

03. 도전 딱지왕! 71

≫≫ 72쪽 정답

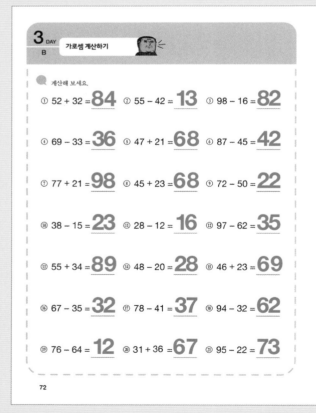

3 DAY B 가로셈 계산하기

계산해 보세요

① 52 + 32 = **84** ② 55 − 42 = **13** ③ 98 − 16 = **82**

④ 69 − 33 = **36** ⑤ 47 + 21 = **68** ⑥ 87 − 45 = **42**

⑦ 77 + 21 = **98** ⑧ 45 + 23 = **68** ⑨ 72 − 50 = **22**

⑩ 38 − 15 = **23** ⑪ 28 − 12 = **16** ⑫ 97 − 62 = **35**

⑬ 55 + 34 = **89** ⑭ 48 − 20 = **28** ⑮ 46 + 23 = **69**

⑯ 67 − 35 = **32** ⑰ 78 − 41 = **37** ⑱ 94 − 32 = **62**

⑲ 76 − 64 = **12** ⑳ 31 + 36 = **67** ㉑ 95 − 22 = **73**

72

≫≫ 73쪽 정답

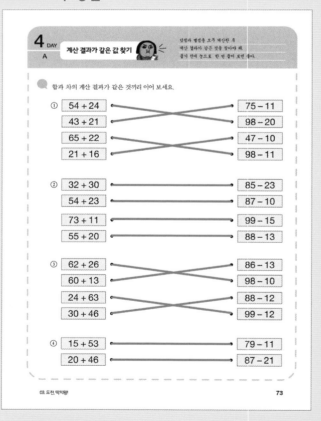

4 DAY A 계산 결과가 같은 값 찾기

합과 차의 계산 결과가 같은 것끼리 이어 보세요.

03. 도전 딱지왕! 73

150

≫≫ 74쪽 정답

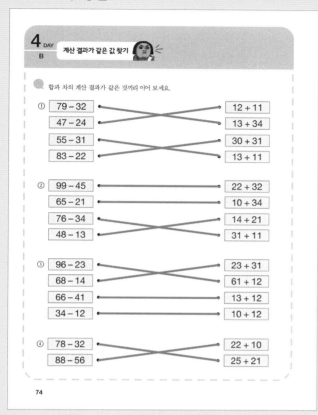

≫≫ 75쪽 정답

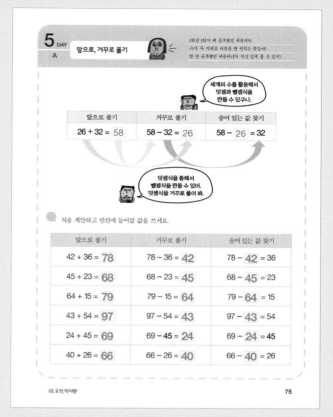

≫≫ 76쪽 정답

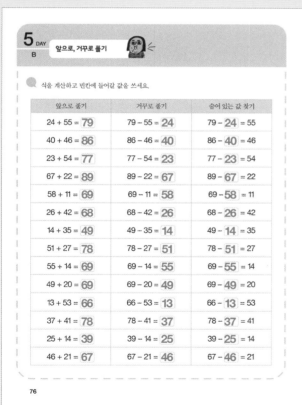

≫≫ 77쪽 정답

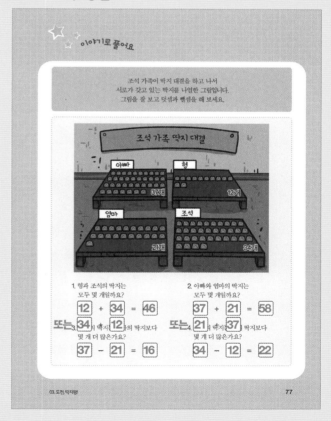

답지

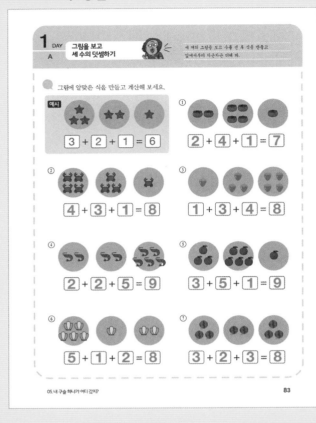

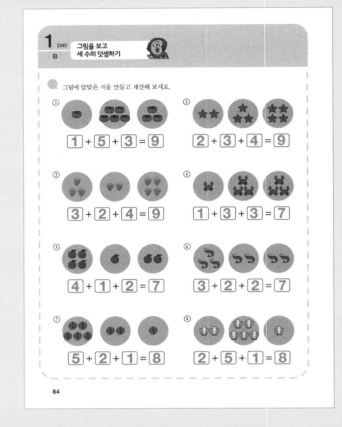

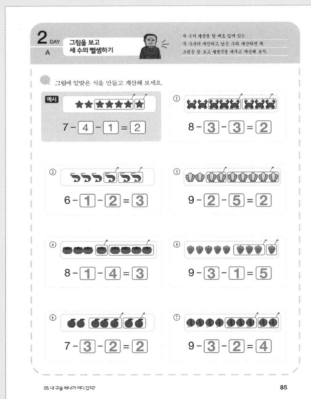

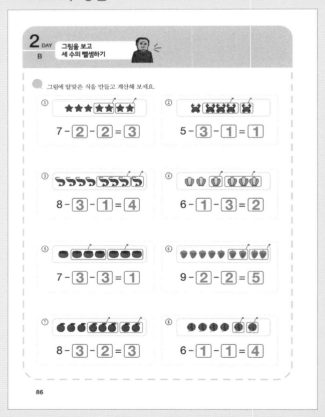

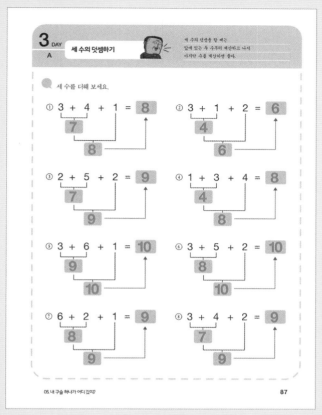

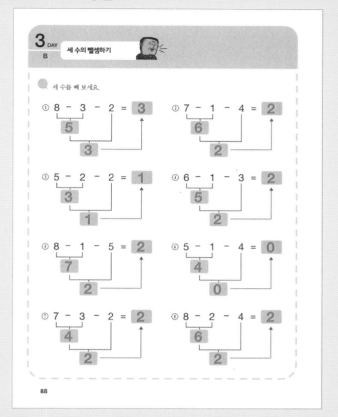

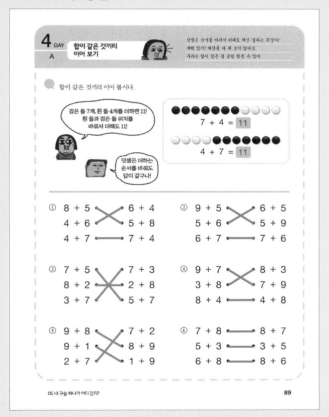

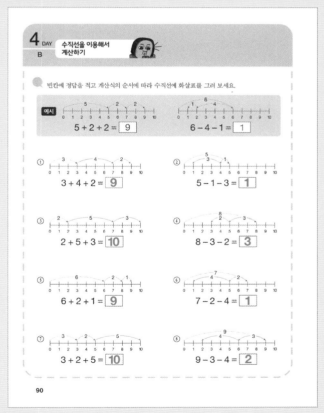

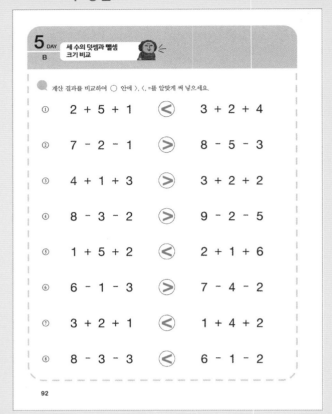

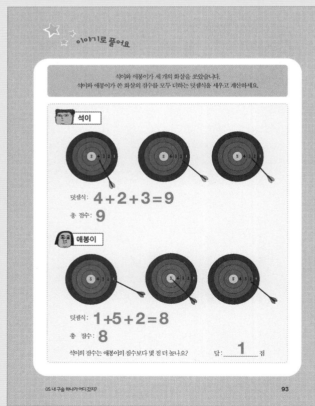

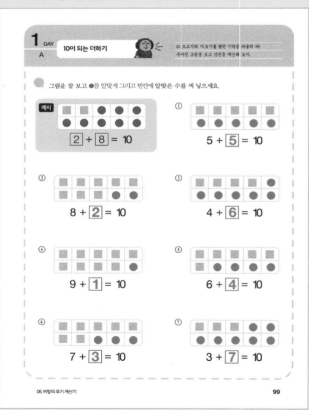

≫≫ 100쪽 정답

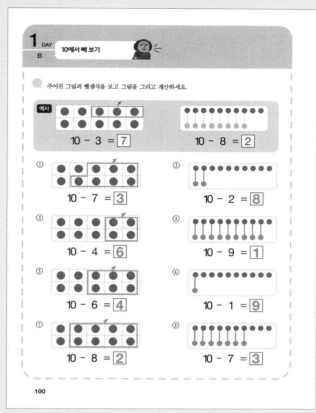

≫≫ 101쪽 정답

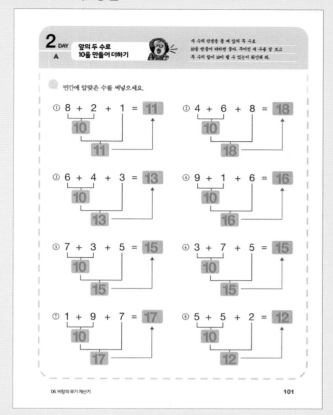

≫≫ 102쪽 정답

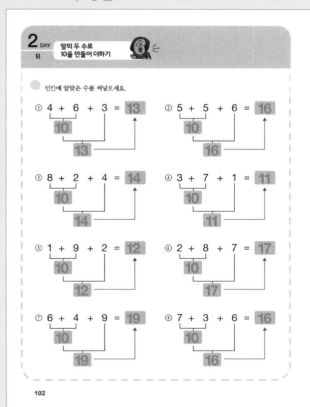

≫≫ 103쪽 정답

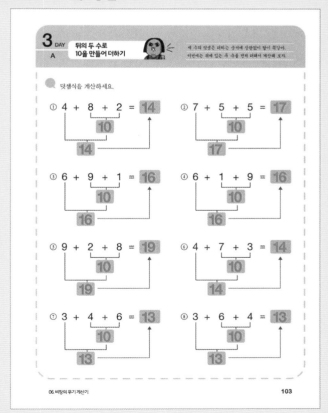

답지   **155**

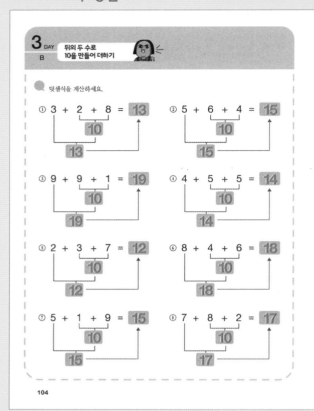

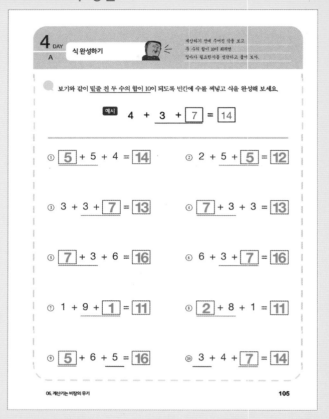

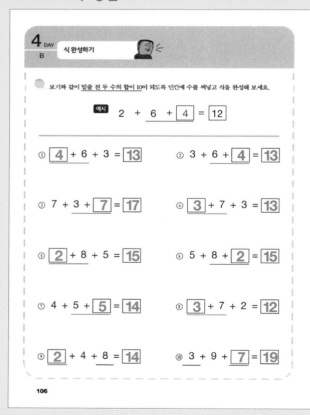

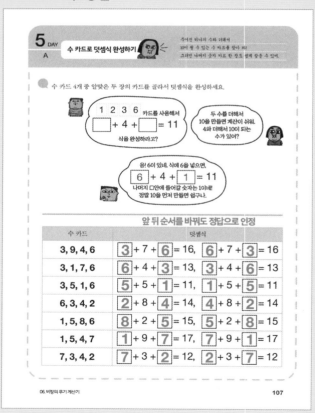

≫≫ 108쪽 정답

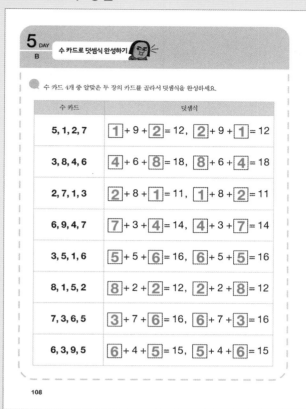

≫≫ 109쪽 정답

≫≫ 115쪽 정답

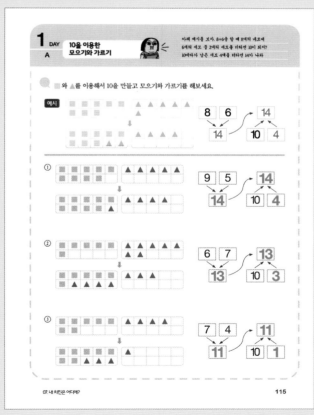

≫≫ 116쪽 정답

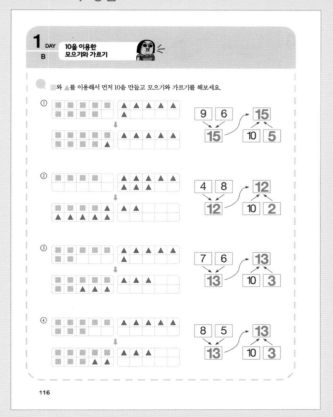

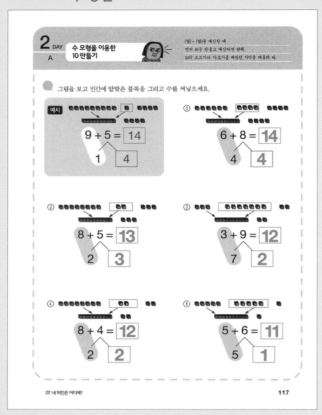

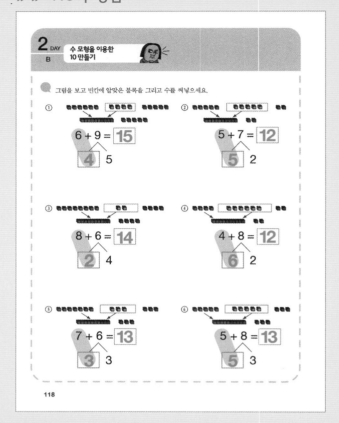

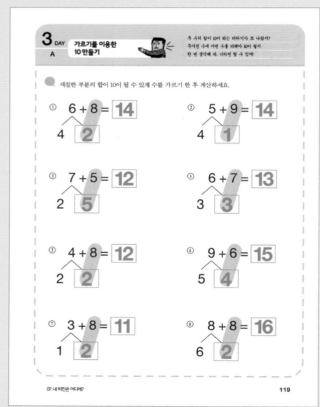

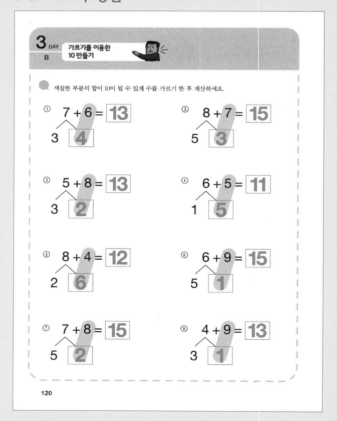

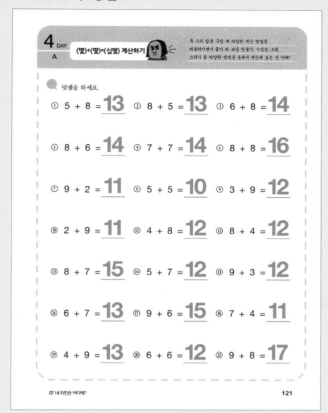

4 DAY A (몇)+(몇)=(십몇) 계산하기

덧셈을 하세요

① 5 + 8 = **13** ② 8 + 5 = **13** ③ 6 + 8 = **14**

④ 8 + 6 = **14** ⑤ 7 + 7 = **14** ⑥ 8 + 8 = **16**

⑦ 9 + 2 = **11** ⑧ 5 + 5 = **10** ⑨ 3 + 9 = **12**

⑩ 2 + 9 = **11** ⑪ 4 + 8 = **12** ⑫ 8 + 4 = **12**

⑬ 8 + 7 = **15** ⑭ 5 + 7 = **12** ⑮ 9 + 3 = **12**

⑯ 6 + 7 = **13** ⑰ 9 + 6 = **15** ⑱ 7 + 4 = **11**

⑲ 4 + 9 = **13** ⑳ 6 + 6 = **12** ㉑ 9 + 8 = **17**

121

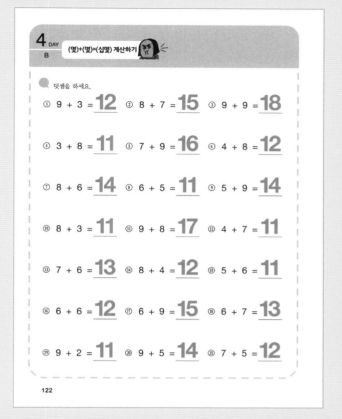

4 DAY B (몇)+(몇)=(십몇) 계산하기

덧셈을 하세요

① 9 + 3 = **12** ② 8 + 7 = **15** ③ 9 + 9 = **18**

④ 3 + 8 = **11** ⑤ 7 + 9 = **16** ⑥ 4 + 8 = **12**

⑦ 8 + 6 = **14** ⑧ 6 + 5 = **11** ⑨ 5 + 9 = **14**

⑩ 8 + 3 = **11** ⑪ 9 + 8 = **17** ⑫ 4 + 7 = **11**

⑬ 7 + 6 = **13** ⑭ 8 + 4 = **12** ⑮ 5 + 6 = **11**

⑯ 6 + 6 = **12** ⑰ 6 + 9 = **15** ⑱ 6 + 7 = **13**

⑲ 9 + 2 = **11** ⑳ 9 + 5 = **14** ㉑ 7 + 5 = **12**

122

5 DAY A 덧셈을 계산하고 규칙 찾기

표를 잘 보고 빈칸에 알맞은 수를 써넣으세요.

예시

+	3	4	5	6	7
8	11	12	13	14	15

①

+	5	6	7	8	9
4	9	10	11	12	13

②

+	5	6	7	8	9
5	10	11	12	13	14

③

+	2	4	6	8
5	7	9	11	13

④

+	3	5	7	9
6	9	11	13	15

⑤

+	2	4	6	8
4	6	8	10	12

⑥

+	3	5	7	9
5	8	10	12	14

⑦

+	3	4	5	6
7	10	11	12	13

123

5 DAY B 덧셈을 계산하고 규칙 찾기

표를 잘 보고 빈칸에 알맞은 수를 써 넣으세요.

①

+	5	6	7	8	9
3	8	9	10	11	12

②

+	5	6	7	8	9
6	11	12	13	14	15

③

+	2	3	4	5	6
7	9	10	11	12	13

④

+	3	4	5	6
5	8	9	10	11

⑤

+	3	5	7	9
8	11	13	15	17

⑥

+	3	5	7	9
4	7	9	11	13

⑦

+	5	6	7	8
8	13	14	15	16

⑧

+	9	7	5	3
4	13	11	9	7

124

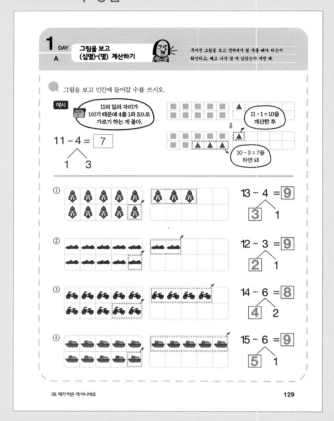

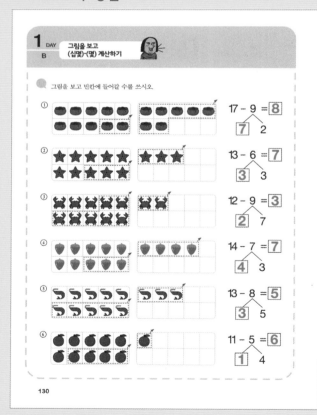

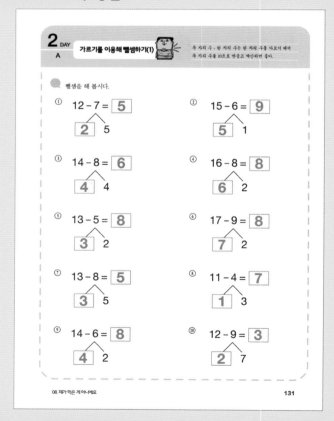

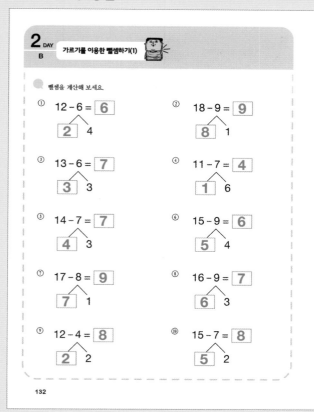

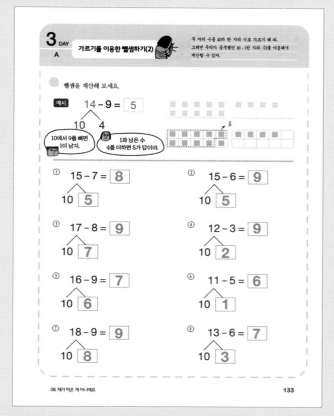

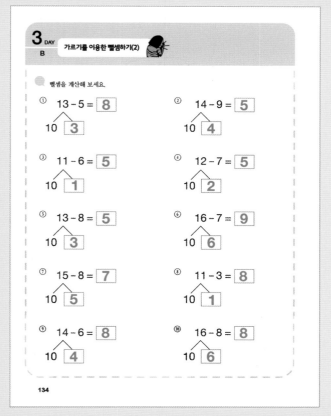

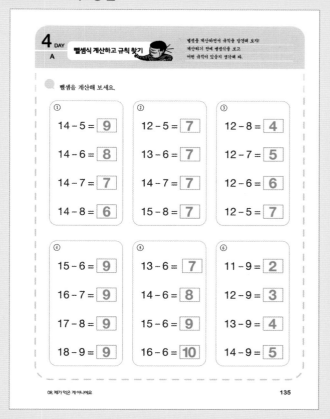

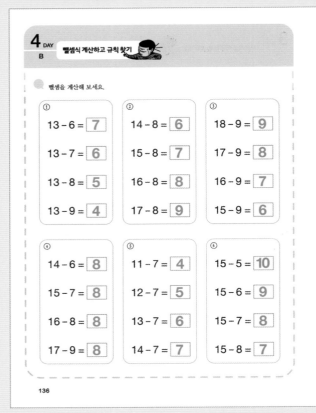

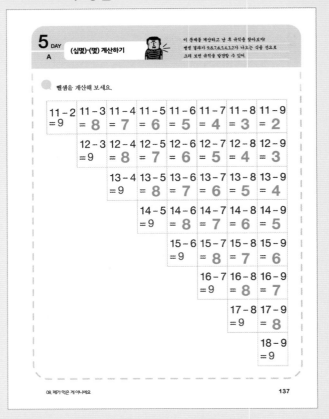

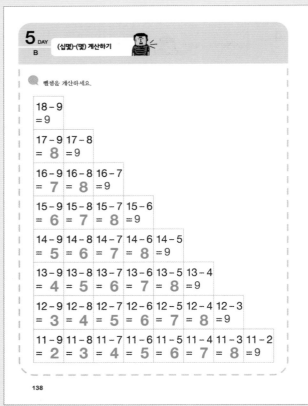

실력이 쑥쑥상

1학년 .... 반

....

위 학생은 자신의 계산능력을 쑥쑥 키우기 위해
꾸준히 수학 문제를 풀어 모두가 인정하는
계산왕이 되었기에 이 상장을 드립니다.

.... 년 .... 월 .... 일

MEMO